入門
インバータ工学

しくみから理解するインバータの技術

森本 雅之 著

森北出版株式会社

●本書のサポート情報を当社Webサイトに掲載する場合があります．下記のURLにアクセスし，サポートの案内をご覧ください．

https://www.morikita.co.jp/support/

●本書の内容に関するご質問は，森北出版 出版部「(書名を明記)」係宛に書面にて，もしくは下記のe-mailアドレスまでお願いします．なお，電話でのご質問には応じかねますので，あらかじめご了承ください．

editor@morikita.co.jp

●本書により得られた情報の使用から生じるいかなる損害についても，当社および本書の著者は責任を負わないものとします．

■本書に記載している製品名，商標および登録商標は，各権利者に帰属します．

■本書を無断で複写複製（電子化を含む）することは，著作権法上での例外を除き，禁じられています．複写される場合は，そのつど事前に（一社）出版者著作権管理機構（電話03-5244-5088, FAX03-5244-5089, e-mail：info@jcopy.or.jp）の許諾を得てください．また本書を代行業者等の第三者に依頼してスキャンやデジタル化することは，たとえ個人や家庭内での利用であっても一切認められておりません．

はじめに

　インバータは私たちの周りで数多く使われている．エアコン，ハイブリッド自動車をはじめ，蛍光灯，DVDプレイヤー，IHクッキングヒータにもインバータが使われている．身の周りのインバータの数を数えるのが難しいほどである．かつて，インバータは産業用モータの制御装置として考えられてきた．しかし，現在では，インバータは産業用の機械のための専門的な回路ではなく，ごく普通に使われる電子回路になっている．そのため，インバータに関係するエンジニアも増えている．

　インバータへの接し方は，それぞれの仕事，興味によってさまざまであろう．インバータのハード，ソフトを設計し，製造するエンジニアもいるであろう．また，購入したインバータをマニュアルに従って使用しているエンジニアも多いことであろう．しかし，インバータを特注したり，モジュールで購入したりして自分の担当する機器に組み込むエンジニアも増えてきていると思われる．その場合，インバータについてある程度の理解が必要となる．このような組み込み用インバータの増加に伴い，製造物責任という観点からも，インバータへのより一層の理解が必要なエンジニアが増えてきていると思われる．

　ところが，はじめてインバータに携わるエンジニアからは，インバータは難しい，よくわからない，という声をよく聞く．確かに学校ではパワエレの講義があり，インバータは取り上げられているのであるが，それを仕事として扱えるほど詳細には教わっていない，というのが一般の電気系のエンジニアの認識だろう．インバータのどこが難しいのだろうか．インバータが難しいといわれる点を考えてみた．

①転流：転流とは，電流の経路を切り換えることである．インバータは高速で転流する．電圧を切り換えるのは考えやすいが，電流の経路を瞬時に切り換えるというのがあまりぴんと来ない．

はじめに

②非正弦波：インバータで扱う波形は正弦波でない．交流理論は正弦波の理論である．正弦波の理論がそのまま使えるのかどうかがよくわからない．

③直流と交流が混在：回路理論では，直流回路と交流回路は別々に扱っている．インバータ回路は，直流と交流が混在していて，どちらで考えればいいのかよくわからない．

④過渡現象：インバータ回路は，スイッチングで動作している．ディジタル回路は，スイッチングして，過渡現象が収まった定常状態をハイまたはローの信号として利用する．しかしインバータでは，過渡状態のうちに次のスイッチングが始まり，過渡現象が次々に起こっていく．

⑤幅広い知識が要求される：モータを制御するには，モータのことがわからないとインバータの制御の仕方がわからない．太陽電池のインバータでは，太陽電池のことがわからなくてはならない．周辺の電源や負荷も含めたシステムとして全体を広く理解している必要がある．

⑥強電回路：主回路は強電回路で，しかも電子回路である．低電圧の電子回路と同じように考えてよいのかわからない．耐電圧，電力定格などがつねについてまわる．信号は絶縁して伝達しなくてはならない．大学のパワエレの授業では，そんな細かいことまでは教えてもらっていない．

など，いろいろあると思う．つまり，電気系のエンジニアでもインバータの技術はなかなか理解できないのである．そこで，インバータに関係するセミナー，社内教育などが盛んに行われている．筆者もそのようなセミナーの講師を依頼されることがあるが，いつも思うのは社会人に向けた適当な専門書がないということである．

パワーエレクトロニクスの教科書，専門書は諸先輩の労作が数多くあるが，そのなかでインバータに触れている部分はそれほど多くない．また，電力変換やモータ制御のための高度な理論をきちんと述べた専門書も出版されているが，産業界で必要な，泥臭いともいえるハードやソフトにはあまり触れられていない．一方，インバータを購入して利用するユーザーを対象にして解説した実用的な書物も多く出版されている．しかし，インバータの内部の仕組みや設計の考え方についてはそれほど記載されていない．

そこで本書は，インバータの設計まではしないが，深く理解したい人のためにインバータの基本がわかるように執筆したものである．読者は電気系のエン

ジニアを対象としており，電気工学の基本は習得しているという前提で，諸事項を述べている．わかるということは知識を広げることではなく，その考え方を理解するということである．本書では，インバータに関係する諸事項の基本的な考え方が理解できるように述べている．そのため，説明を単純化し，回路動作は極力単相回路で説明した．三相回路はその延長として回路図や式を表すことにした．

本書は，次のような構成になっている．

1～3章は，インバータ全般について述べている．

4～6章は，インバータの回路やハードウエアについて述べている．

7～9章は，インバータの制御やソフトウエアについて述べている．

10章は，インバータの利用技術に関して，他の本にはあまり書かれていないことを中心に書いたつもりである．

本書がインバータに携わるエンジニアの理解に役立ち，それがインバータの広い利用につながり，インバータによる省エネルギーを通して豊かな社会の実現と継続に役立つことを祈っている．

2011年5月

著　者

目　次

はじめに …………………………………………………………… i

1章　インバータによる制御　　1

1.1　インバータとは ……………………………………………… 1
1.2　電力の変換と制御 …………………………………………… 3
1.3　パワーエレクトロニクスの基本 …………………………… 4
1.4　インバータの技術とは ……………………………………… 8

2章　インバータの原理　　11

2.1　直流から交流への変換の原理 ……………………………… 11
2.2　フィードバックダイオードの必要性 ……………………… 14
2.3　三相交流電力への変換 ……………………………………… 15
2.4　電圧型と電流型 ……………………………………………… 18

3章　インバータ回路　　22

3.1　インバータの主回路 ………………………………………… 22
3.2　多レベルインバータと多重インバータ …………………… 25
3.3　共振型インバータ …………………………………………… 30
3.4　PWM コンバータ …………………………………………… 36

4章　インバータの主回路素子　40

4.1　パワー半導体デバイス　40
4.2　リアクトル　47
4.3　コンデンサ　54
4.4　抵抗　60

5章　インバータのアナログ電子回路技術　68

5.1　駆動回路　68
5.2　実際のスイッチング　74
5.3　スイッチに発生する損失　77
5.4　回路のインダクタンスとスナバ　78
5.5　センサ　82

6章　インバータの保護と信頼性　87

6.1　電流の保護　87
6.2　冷却　91
6.3　寿命と信頼性　95
6.4　故障解析　97

7章　PWM制御　100

7.1　三角波 - 正弦波方式　100
7.2　空間ベクトル法　107
7.3　追従制御法　114
7.4　出力電圧の増加と過変調制御　115
7.5　インバータの出力波形とフーリエ級数　119

8章 インバータの回路理論 … 126

- 8.1 中性点電位の変動 ……………………………………… 126
- 8.2 歪み波形の交流回路理論 ………………………………… 129
- 8.3 整流回路の理論 …………………………………………… 134
- 8.4 対地電位と接地 …………………………………………… 140

9章 インバータの制御技術 … 146

- 9.1 制御とブロック線図 ……………………………………… 146
- 9.2 インバータシステム ……………………………………… 147
- 9.3 電圧の制御 ………………………………………………… 149
- 9.4 電流の制御 ………………………………………………… 155
- 9.5 ベクトル制御 ……………………………………………… 160
- 9.6 サーボシステム …………………………………………… 165
- 9.7 系統連系制御 ……………………………………………… 167

10章 インバータの利用技術 … 175

- 10.1 測定技術 …………………………………………………… 175
- 10.2 振動・騒音 ………………………………………………… 179
- 10.3 力率改善 …………………………………………………… 181
- 10.4 漏洩電流と軸電流 ………………………………………… 182
- 10.5 EMCとノイズ …………………………………………… 185
- 10.6 回 生 ……………………………………………………… 191
- 10.7 インバータのシミュレーション ………………………… 193

おわりに …………………………………………………………… 200
さらに勉強する人のために ……………………………………… 201
索 引 ……………………………………………………………… 202

コラム目次

- パワエレの本の中身は何であんなに違うのか　9
- 機械式インバータもありました　21
- 2レグでも三相出力のインバータができます　39
- インバータの電圧は2倍で考えること　66
- スイッチングレギュレータとチョッパ　86
- モータの保護　91
- テーブルを気にします　125
- 忘れてはいけない電磁気学　145
- 積分制御とは水のタンクで説明できます　158
- 座標変換を使わないベクトル制御の説明　163
- 朝刊がカラーになったのはインバータのおかげです　199

式と記号の定義

種類	名称	式・記号
正弦波	交流電圧	$v(t) = V_m \sin \omega t = \sqrt{2} V \sin \omega t$ V は実効値を表す
	交流電流	$i(t) = I_m \sin \omega t = \sqrt{2} I \sin \omega t$ I は実効値を表す
	電圧の実効値	$V_{eff} = \sqrt{\dfrac{1}{T} \int_0^T v^2 dt}$
	電圧の平均値	$V_{ave} = \dfrac{1}{T} \int_0^T v(t) dt$
	実効値換算の平均値	$V_{mean} = 1.1 V_{ave}$ 平均値表示のメータの表示値
歪波形	電圧の実効値	$V_{rms} = \sqrt{V_1^2 + V_2^2 + \cdots V_k^2}$
	電圧の平均値	$V_{ave} = \dfrac{1}{T} \int_0^T v(t) dt$
	電圧の半周期平均値	$V_{mean} = \dfrac{2}{T} \int_0^{T/2} v(t) dt$
	基本波成分	V_1
インバータ	スイッチング周波数	$f_s = \dfrac{1}{T}$　T は周期
	直流リンク電圧	E または $\pm E/2$
その他	温度	単位記号 K：ケルビンと読む
	v, i など小文字	時間的に変化する値 $v(t)$，$i(t)$ のこと
	V, I など大文字	実効値

インバータによる制御

　インバータは，直流電力から交流電力へと電力の形態を変換するパワーエレクトロニクス機器である．しかし，インバータの多くは，単なる電力の変換と制御をするのではなく，インバータと組み合わされたエネルギー変換機器のエネルギーを制御するために用いられる．モータは電気エネルギーを機械エネルギーに変換している．インバータでモータを制御するということは，モータによるエネルギー変換を制御して，モータの発生する運動エネルギーを制御することなのである．つまり，エネルギーを制御するためにインバータは制御されているのである．インバータは，スイッチングにより電流または電圧を断続させて電力を制御する．スイッチングはパワーエレクトロニクスの基本であり，インバータの基本でもある．

　そこで，本章では，電力の変換とエネルギーの制御とはどんなものかについて述べる．さらに，インバータの基本となるスイッチングによる電力の制御についても説明し，インバータの技術の背景を述べる．

1.1　インバータとは

　インバータは，モータの駆動制御や蛍光灯の点灯，IHクッキングヒータのための高周波電力発生などに使われる．インバータの使い方を一般的に表したのが，図1.1である．インバータは，商用電源や電池などの電源から供給された電気エネルギーを利用するために用いられる．電気エネルギーの形態を調節して，エネルギー変換機器に電気エネルギーを電力として供給する．エネルギー変換機器は，電気エネルギーを他の形の運動エネルギー，光エネルギー，熱エネルギーなどに変換する．エネルギー変換機器の身近な例としては，運動エネルギーに変換するモータ，熱エネルギーに変換するIHヒータ，光エネルギーに変換する蛍光灯などが挙げられる．エネルギー変換機器のおかげで，われわれはエネルギーを利用できるのである．インバータは，直接的にはエネル

1章　インバータによる制御

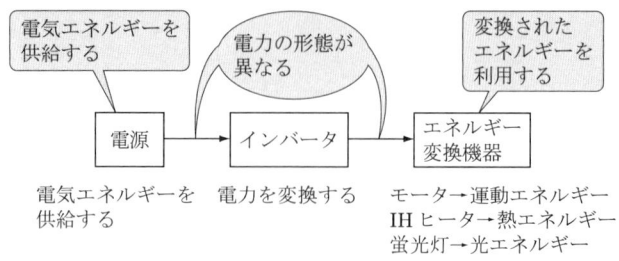

図 1.1　インバータによるエネルギー制御

ギー変換機器を制御しているのであるが，じつはエネルギー変換機器の出力するエネルギーを制御していることになる．

インバータのもっとも多い使われ方は，モータの駆動制御である．図 1.2 は，ファン用モータをインバータで制御したときの様子を示している．これは，電気エネルギーを風（空気の流れの速度）という運動エネルギーに変換するシステムと考えることができる．モータは，電気エネルギーをファンの回転力に変換するエネルギー変換を行う．インバータは，モータを制御し，回転数を調節する．また，モータの状態に応じてふさわしい電圧，周波数などの形態の電気エネルギーを供給する．そのふさわしい状態とは何かというと，風の状態である．利用するうえで望ましい風が得られるように，インバータは制御されている．すなわち，インバータにより風というエネルギーを制御しているのである．

蛍光灯をインバータで駆動する場合には，インバータにより光の量を調節するので，光エネルギーを制御していることになる．IH ヒータの場合は，加熱状態を調節するので，熱エネルギーを制御しているといえる．

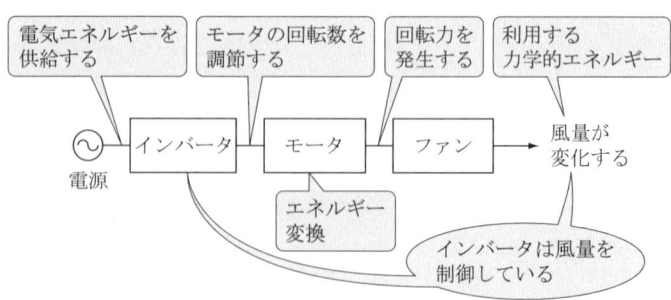

図 1.2　インバータによるモータ制御

インバータは，単体で考えると電力変換をするパワーエレクトロニクス機器である．しかし，インバータは単なる電力変換をするだけの機器ではない．電気エネルギーを利用するために，エネルギー変換機器と組み合わせてエネルギーを制御するための機器なのである．

1.2 電力の変換と制御

インバータの基礎となるパワーエレクトロニクス（power electronics）は，電力を変換，制御する技術である．電力変換とは，電力の形態を変更することである．電力の形態を変更するだけなので，入出力とも電気エネルギーのままである．電力の形態の例を表1.1に示す．直流電力の形態とは，電圧・電流である．交流電力やパルス電力では，電力の形態の要因が多い．電力の形態の変換とは，直流電力を交流電力に変換したり，直流電力を別の電圧の直流電力に変換したりすることである．電力変換（power convert）を，図1.3に示す．交流を直流に変換する「整流（rectify）」は，真空管の時代から広く使われて

表1.1 電力の形態

電力の種類	電力の形態
直流電力	電圧，電流
交流電力	電圧，電流，相数，位相，周波数
パルス	パルス幅，振幅，繰り返し

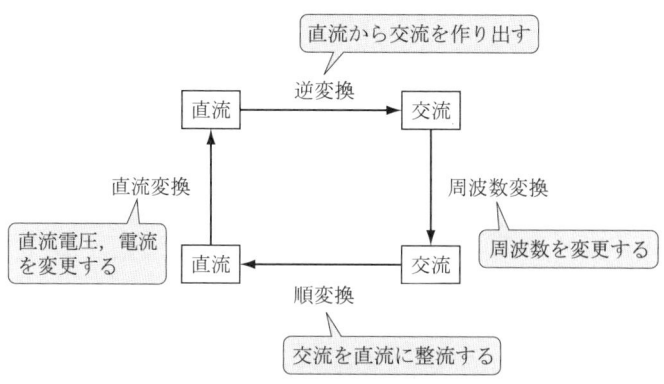

図1.3 電力変換

おり，この変換は古くから存在した．そのため，後年可能になった直流から交流への変換を，あえて逆変換（invert）とよぶようになった．これがインバータという名称の由来である．そのため，交流を直流に整流することを順変換とよぶ．

電気エネルギーを他のエネルギーに変換するのはエネルギー変換機器である．電気エネルギーを他のエネルギーに変換して利用するためには，エネルギー変換機器へ与える電力を制御する必要がある．電力を制御するとは，制御指令に基づき，電源，エネルギー変換機器および負荷の状態に応じて電気エネルギーの形態を調節することである．つまり，図 1.4 に示すように，制御指令に基づき，電源や負荷の状態も考慮して電力を変換することである．インバータを用いたシステムは電力を制御するシステムであり，さらに，電源およびエネルギー変換機器も含めた総合的なエネルギー制御システムであると考えていいだろう．

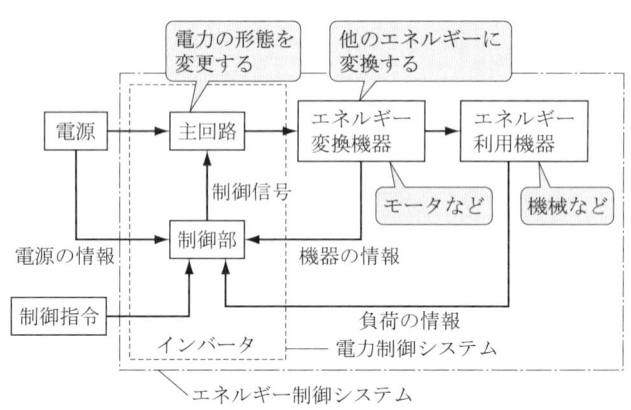

図 1.4　電力変換と制御

1.3　パワーエレクトロニクスの基本

パワーエレクトロニクスは，スイッチングにより電力を調節する．スイッチングによる電力調節の原理を，図 1.5 に示す．直流電源 E と負荷 R の間にスイッチ S がある．このスイッチを繰り返しオンオフする．負荷の両端の電圧はスイッチがオンすると E となり，オフでは 0 となる．このとき，平均電

1.3 パワーエレクトロニクスの基本

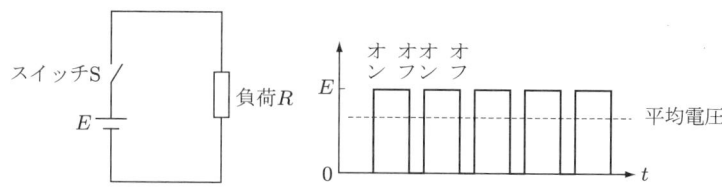

図1.5 スイッチングによる電力の調節

圧はオンとオフの時間に応じて決まる．スイッチング周期に対し十分長い時間を考えれば，この平均電圧が負荷に印加されることになる．

いま，図1.6に示すような回路において，直流電源の電圧を200Vとし，10Ωの抵抗に40Vの直流電力を与えることを考える．スイッチSのオンオフの周期をT，オンする時間をT_{on}とする．負荷抵抗にはT_{on}の期間だけ200Vが印加される．ここで，

$$\frac{T_{on}}{T} = 0.2$$

となるようにスイッチをオンオフさせると，平均電圧は40Vとなる．この時間の比率をデューティファクタ（duty factor）とよび，デューティファクタを0.2に制御しているという．このとき，10Ωの抵抗には4Aの平均電流が流れることになる．ただし，負荷は抵抗なので，電流もT_{on}の期間だけ流れて，電圧と同じように断続している．このような回路や制御法は，電圧を断続させるのでチョッパ†とよばれる．このとき，

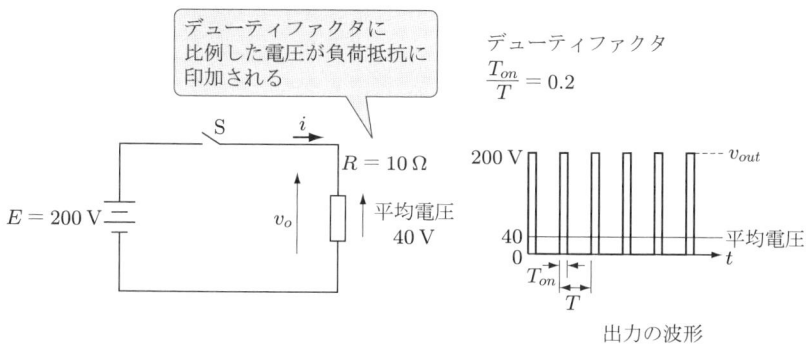

図1.6 デューティファクタの制御

† chopper；肉切り包丁のこと．電圧を切り刻むことから由来する．

5

$$f_s = \frac{1}{T} \,[\text{Hz}]$$

をスイッチング周波数（switching frequency）とよぶ．通常，周期 T が数 ms 以下になるように高速でスイッチングされる．したがって，スイッチング周波数 f_s は数 100 Hz 以上である．当然のことながら，T_{on} は T より短い時間である．

図 1.6 の場合，電流も電圧と同じように断続する．電流が断続しないようにするためには平滑回路（smoothing circuit）を用いる．平滑回路を図 1.7 に示す．電流を滑らかにするために，インダクタンス L，ダイオード D，およびコンデンサ C が用いられる．まず，インダクタンスとダイオードのみ取り付け，コンデンサのない状態を考える．このときの負荷抵抗の両端の電圧と，負荷抵抗に流れる電流の波形を，図 1.8 に示す．スイッチ S がオンしている期間は，スイッチ電流 i_S は，インダクタンス L，負荷抵抗 R と流れる．$i_S = i_L = i_R$ である．このとき，電流 i_S は抵抗とインダクタンスの直列回路の過渡現象により，ゆっくり上昇する．また，スイッチがオンしている期間に，インダクタンスには

$$U = \frac{1}{2} L i_L^2$$

の電磁エネルギーが蓄積される（4.2 節参照）．

スイッチ S がオフすると，電流が減少しようとする．このとき，インダクタンスの性質から逆起電力が発生する．インダクタンスの性質とは，電流の変

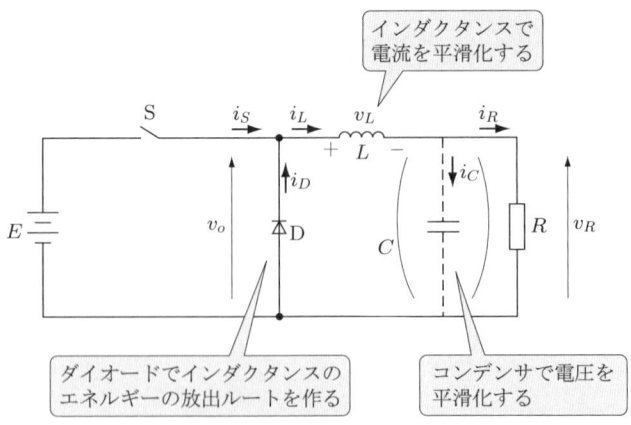

図 1.7　電流脈動の平滑

1.3 パワーエレクトロニクスの基本

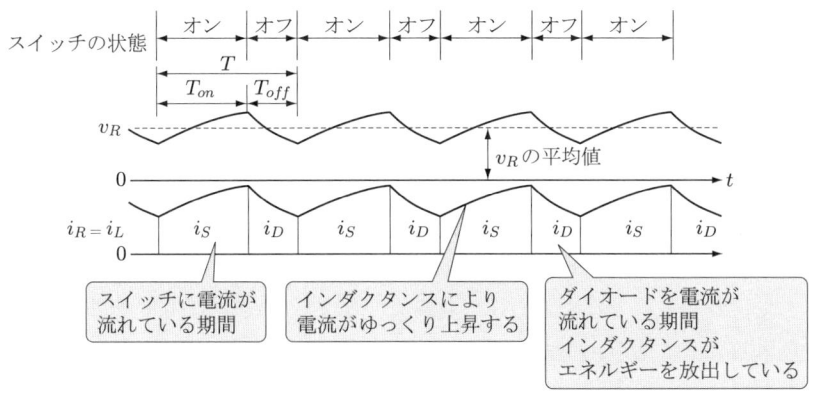

図 1.8 インダクタンスとダイオードを取り付けた場合

化が少なくなるような動きをするということである．したがって，インダクタンスは蓄えられたエネルギーを放出し，同一方向に電流を流し続けるような起電力を生じる．この電流 i は負荷抵抗 R に流れ，ダイオード D を導通させて還流する．これにより，スイッチのオフ期間にも電流 i_D が流れる．このとき，$i_D = i_L = i_R$ である．つまり，負荷に流れる電流 i_R は，i_S と i_D が交互に供給することになる．このとき，電流は断続せず，負荷の電圧・電流は，図 1.8 に示すように脈動（リップル；ripple）するようになる．

このような脈動を低下させるには，図 1.7 で点線により示したコンデンサを追加する．コンデンサにより電圧が平滑化されるので，図 1.9 に示すような電圧電流波形になる．コンデンサ C の容量が十分大きいとすれば，負荷の両端に現れる電圧は，ほぼ一定の値となる．コンデンサで平滑化しても，負

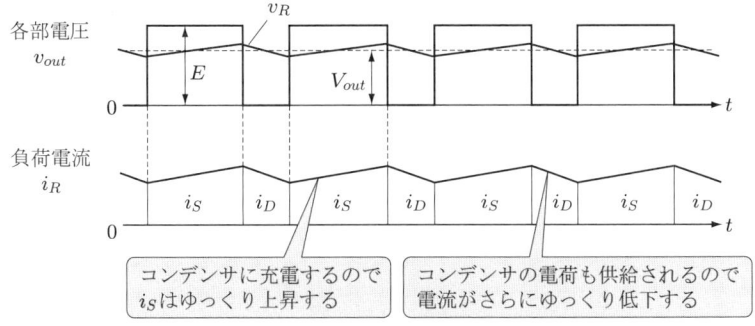

図 1.9 平滑コンデンサを追加した場合

1章　インバータによる制御

荷の平均電圧 V_{out} は

$$V_{out} = \frac{T_{on}}{T}E$$

である．すなわち，負荷抵抗に印加される電圧は，前述のようにデューティファクタにより決定される．図1.7に示した回路を降圧チョッパ†（step-down chopper）という．入力した直流電圧を，低い直流電圧に変換する回路である．

このように，スイッチングにより電圧や電流を制御することが可能である．ここで注意してもらいたいのは，負荷抵抗 R の大きさにより脈動の大きさが変化することである．つまり，平滑回路の L や C は，負荷に応じて最適なものを選定しなくてはならない．電力を制御するパワーエレクトロニクス回路は，負荷を考慮して設計しなくてはならないということである．

1.4　インバータの技術とは

いまここで，理想スイッチを考える．理想スイッチとは，次の項目を満たすスイッチである．
(1) オンしたときには抵抗はゼロであり，スイッチは電圧降下を生じない．
(2) オフしたときには抵抗が無限大であり，流れる電流はゼロである．
(3) オンからオフ，オフからオンは瞬時に切り換わる．
(4) オンオフを繰り返しても，磨耗，劣化などの変化がない．

ここに示したすべての条件を満たしたスイッチがあれば，理想的なスイッチングによる制御が可能になる．スイッチング時間を調節すれば電圧や電流が制御できる．しかし，現実にはこのようなスイッチは存在せず，いずれか，あるいはすべての項目で理想スイッチの要求を満たしていない．現在のところ，半導体スイッチがもっとも理想スイッチに近いものと考えられている．
理想スイッチと半導体スイッチの動作の比較を，図1.10に示す．この比較から，半導体スイッチの特性には次のような要求があることがわかる．
(1) オン電圧（v_{on}）が小さいこと．
(2) 漏れ電流（i_{off}）が小さいこと．
(3) t_{on}, t_{off} が小さいこと．

---

† 降圧コンバータ（buck converter）ともいう．

1.4 インバータの技術とは

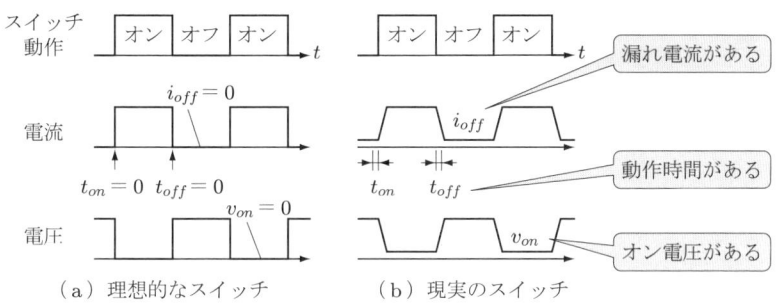

図 1.10 半導体スイッチと理想スイッチ

インバータによる電力の変換と制御は，半導体スイッチが理想スイッチでないことから発生するさまざまな制約のもとで行われる．このことからインバータ特有の技術が必要になってくるのである．本書は，このようなさまざまな技術的制約を解消することで発展してきたインバータの技術について述べていると考えていただきたい．

> **◯── パワエレの本の中身は何であんなに違うのか ──◯**
>
> 読者の方々は，パワーエレクトロニクスに関する書物を何回か手にとって見たことがあると思います．それぞれの本によって，重点的に書いてあることが異なっているような気がすると思いませんか．それは，パワーエレクトロニクスの技術が時代とともに変貌してきたからなのです．パワーエレクトロニクスは，その時代のパワー半導体デバイスや各種のハードウェアを限界まで使って装置の性能を上げる技術として発展してきました．その例を挙げましょう．
>
> **サイリスタの発明（1957年）**：パワエレの創成期は，サイリスタを使ったインバータ回路の技術の一般化に注力しました．サイリスタは制御によりオフできないので，サイリスタをいかにオフ（転流）させ，しかも確実にオフさせる（転流失敗の防止）かという技術に注力してきました．
> **パワートランジスタの出現**：外部からの信号によって高速にオンオフできるバイポーラパワートランジスタが実用化され，出力波形をいかに正弦波に近づけるかなどのPWM制御（7章参照）の技術開発に注力しました．
> **マイコンの出現**：初期のマイコンの処理能力で計算できる制御の方法がいろいろ開拓されました．コンピュータの性能向上に伴って，さまざまな制御方法が展開されました．少ないメモリでPWM波形を記憶したり，簡易に演算したりする

アルゴリズムが開発されました．

デバイスの容量の限界：デバイスの扱える電圧・電流に限界があり，多重化などのインバータ回路方式を工夫して，デバイスの定格以上の高電圧や大電流が扱えるようにしました．

家電民生への拡大：それまでは産業用の技術だったインバータが，インバータエアコンを皮切りに家電製品に使われるようになりました．家電は無保守で低価格でなくてはなりません．小型化，低価格化のために，あらゆる点で従来の技術が見直されました．

デバイスの高速化：サイリスタ→バイポーラトランジスタ→IGBTとスイッチング素子が高速化するのに伴い，それまで工夫しなくてはならなかった技術が，何の苦労もなく使えるようになっていきました．同時に，経験したことのない高速スイッチングによる新たな課題が出現してきました．

コンピュータの高性能化：21世紀が近づくと，制御用コンピュータが飛躍的に発達しました．それまで苦労してプログラミングしていたアルゴリズムが，ほとんど問題なくリアルタイムで処理できるようになってきました．

　そして，現在は電気自動車（EV），ハイブリッド車（HEV）への展開が始まっています．自動車用のパワーエレクトロニクスという新たな技術への変貌が始まっているのです．このように，時代ごとにパワーエレクトロニクスの目指すところが変化するので，それに伴いパワーエレクトロニクスの書籍も変化してきたのです．

インバータの原理

　インバータとは，直流電力を交流電力に変換する回路の名称である．しかし，インバータ回路を用いて交流電力を出力する機器のこともインバータとよんでいる．本書では，いずれもインバータとして扱う．直流電源のプラスとマイナスを交互に出力すれば，それに応じて電流の向きが逆転する．電流の向きが交互に逆転するので，出力は交流と考えることができる．これがインバータの原理である．しかし，単に交流電力といっても，その形態はさまざまある．出力線が 2 本の単相交流もあれば，出力線が 3 本または 4 本の三相交流もある．さらに，出力する交流電力の周波数，電圧および電流をどのような値にすべきなのかも考える必要がある．インバータは，交流電力を出力するといっても発電機ではない．交流電力の形態を制御して出力する機器である．そのため，インバータを制御するにはインバータの原理を理解して行う必要がある．本章では，インバータの基本原理について説明し，直流から交流へ電力の形態を変換するとはどういうことなのかについて述べる．

2.1　直流から交流への変換の原理

　まず，直流電力を単相の交流電力に変換する原理について説明する．図 2.1 に示すような，四つのスイッチで構成されるブリッジ回路を直流電源に接続する．このような回路をその形から H ブリッジとよぶ．図のように，H ブリッジに抵抗 R を接続する．このとき，S_1 と S_4 がオンしているときには，それぞれ S_2 と S_3 をオフさせる．逆に，S_1 と S_4 がオフのときには，S_2 と S_3 はオンさせる．このオンオフを交互に行うと，負荷として接続された抵抗 R の両端には図 2.2 に示すような電圧が現れる．抵抗には，スイッチを切り換えるごとにプラスとマイナスの電圧が印加されている．すなわち，矩形波の交流が印加されることになる．

2章 インバータの原理

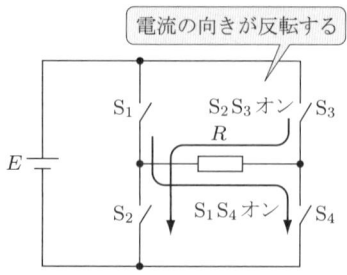

図2.1 直流から単相交流への変換(Hブリッジ回路)

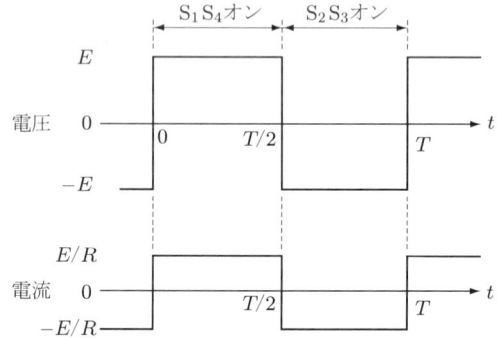

図2.2 抵抗 R の両端の電圧と電流

抵抗の両端の交流電圧は,周期 T で振幅が $\pm E$ の矩形波である.このとき抵抗に流れる電流は,同様に周期 T で振幅が $\pm E/R$ の矩形波の交流電流になる.抵抗が消費する電力 P はつねに一定で,

$$P = E \cdot I = \frac{E^2}{R}$$

となる.このように,Hブリッジを用いれば矩形波の単相交流電力を得ることができる.

ここで,負荷を抵抗から RL 負荷に置き換えてみる.回路を図2.3に示す.この回路では,図2.4(a)に示す電圧波形 v は,図2.2と同様に矩形波である.しかし,負荷のインダクタンスによる影響を受けるので,電流 i の波形は図2.4(b)に示すように電圧波形と異なる.インダクタンスはエネルギー蓄積素子であり,電圧がステップ状に印加されても,電流はそのままステップ状には立ち

2.1 直流から交流への変換の原理

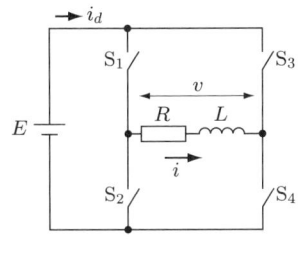

図 2.3 RL 負荷

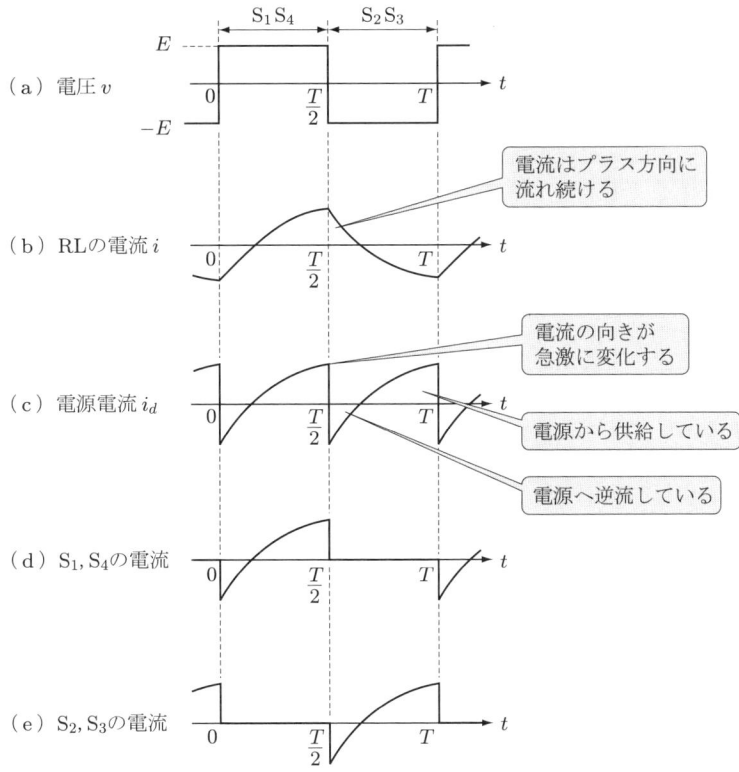

図 2.4 RL 負荷のときの各部波形

上がらない．インダクタンスにエネルギーが蓄積される間は，電流の立ち上がりがゆるやかになる．一方，インダクタンスに蓄積されたエネルギーは，電圧の極性が逆になっても，同一方向の電流を流す源となるはたらきをする．した

がって，電流波形は電圧波形よりもゆっくり変化する．そのため，電圧より位相[†1]が遅れているように見える．

このとき，電源から供給される電流 i_d は直流ではなく，図(c)に示すように $0<t<T/2$ では $i_d>0$，$T/2<t<T$ では $i_d<0$ となる．つまり，電源から流れる電流 i_d が負になる期間がある．この期間は負荷から電源に向けて電流が流れているのである．このとき，各スイッチに流れる電流（図(d)，(e)）を見てみると，負の電流の期間ではスイッチの下から上に向けて電流が流れている．このことは，負荷のインダクタンスに蓄えられたエネルギーを電源に供給していることを示している．インバータは，インダクタンス負荷へ供給する電力を制御することが多い．そのような場合，負荷のインダクタンスからインバータへエネルギーが戻ることがあるのである．このように，インダクタンスからのエネルギーの流れを理解することが，インバータの回路技術を理解するための一つのポイントである．

2.2　フィードバックダイオードの必要性

直流を交流に変換する際に，負荷のインダクタンスから電源に電力を供給する期間があることを述べた．したがって，スイッチには正負の電流が流れることになる．しかし，半導体デバイスをスイッチに使った場合，半導体デバイスの多くは一方向しか電流を流すことができない．すなわち，順方向電流（forward current）は流せるが，逆方向電流（reverse current）を流す能力がない．そのため，スイッチ素子に逆並列にダイオードを接続して，逆方向電流を流す．二つの素子で一つのスイッチ機能を果たすのである．図2.5には，スイッチにIGBTを用いた回路を示している．

ダイオードは，$i_d<0$ のときに電流が流れるような極性で接続されている．負荷のインダクタンスに蓄積されたエネルギーを電源に帰還させるので，帰還ダイオード（feed back diode）[†2]とよばれる．図2.4(c)で示したように，スイッ

[†1] 位相とは，同一周波数の波形の時間的なずれを指す．2台の自動車が同一速度で走っている状態を考える．自動車の速度が周波数に対応するとすれば，走っている2台の自動車の位置関係が位相に対応する．

[†2] フリーホイーリングダイオードともいう．フリーホイール（free wheel）とは，一方向のみ動力を伝達する機構（自転車のチェーンのラチェット機構のようなもの）をいう．フライホイールダイオードとよぶのは間違いである．また，ダンパーダイオードとよぶ分野もある．

2.3 三相交流電力への変換

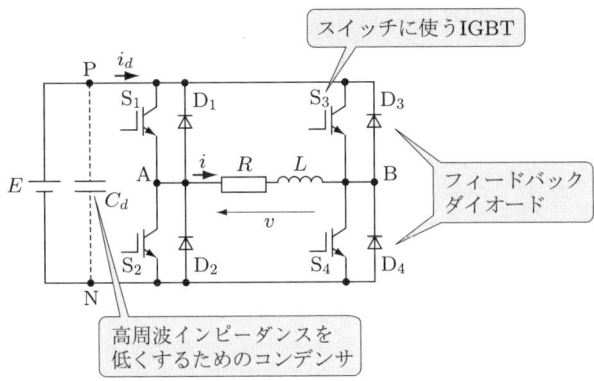

図 2.5 単相インバータの回路

チの切り換わりの瞬間に i_d は流れる方向が逆転する．電流を急激に変化させて電源に流し込むためには，電源の高周波インピーダンスが十分に低い必要がある．そのため，電源とスイッチの間にコンデンサ C_d を接続する．コンデンサのインピーダンスは $Z = 1/j\omega C$ なので，周波数が高いほどインピーダンスが低い．したがって，コンデンサを並列に接続することにより，電源の高周波インピーダンスを低くするのである．

2.3 三相交流電力への変換

直流電力から三相交流を合成するには，図 2.6 に示すように S_1 から S_6 の 6 個のスイッチで三相負荷に接続する．6 個のスイッチで構成されたインバータのスイッチの動作は，S_1 がオンしているときにはその下の S_2 はオフするも

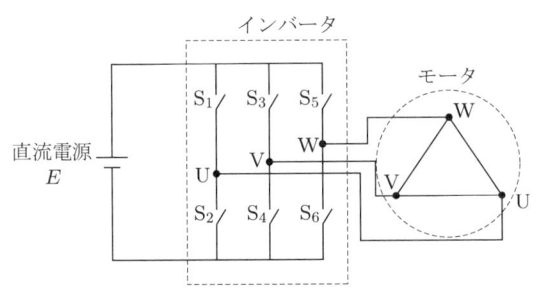

図 2.6 三相交流への変換

2章　インバータの原理

のとする．S_3 と S_4，S_5 と S_6 の組も同様の動きをするものとする．たとえば，S_1 がオンして S_2 がオフしていれば，点 U は E に接続されることになる．したがって，点 U の電位は E となる．

いま，$S_1 \sim S_6$ の動作を図 2.7 に示すタイミングで行う．これは，3 組のスイッチペアが 120 度の位相差があることを示している．このとき，点 U，V，W の電位は，それぞれの組み合わせに応じて 0 と E に変化する．このとき，三相負荷端子の U-V 間の線間電圧は，点 U の電位から点 V の電位を引いたものであるから，$+E$，0，$-E$ と変化する．このようにスイッチを動作させれば，線間電圧は階段状の交流波形になる．これで，直流電力が三相交流電力に変換

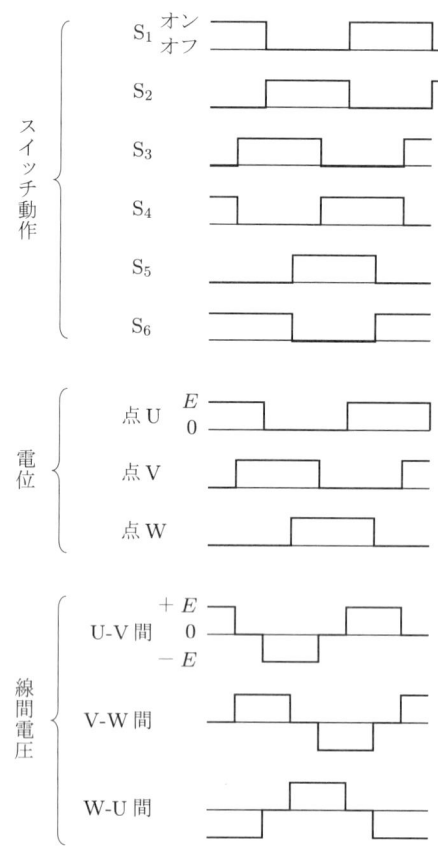

図 2.7　スイッチングと各部の電圧

できたことになる．ここで注意したいのは，スイッチは180度通電しているが，得られる線間電圧には出力0の期間があるので，120度の通電期間しかないということである．なお，ここでは三相負荷はデルタ結線で示しているが，スター結線でも同じ結果が得られる．

実際のIGBTを使った回路を図2.8に示す．三相の場合，直流電源を中性点のある $\pm E/2$ の電源と考える．電源の中性点を接地電位と考え，インバータ出力の相電圧の基準電位とする．図では，スター結線のRL三相負荷が接続されている．

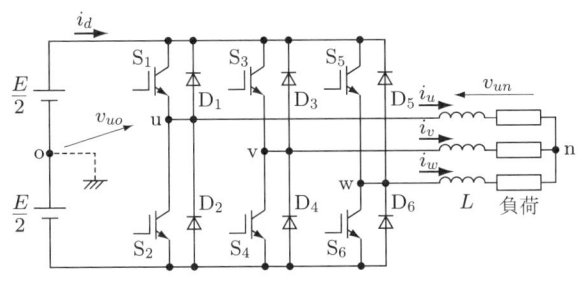

図2.8　三相インバータ回路

このときの各部の電圧電流は，図2.9に示すようになる．入力電流 i_d は，各期間で1個のみオンしているスイッチのいずれかを流れる電流の組み合わせになっている．図で示したように，モード番号②においては上側のスイッチ S_1，S_3，S_5 のうち S_1 のみがオンしており，その期間では $i_d = i_u$ となり S_1 を流れる電流が入力電流である．6個のスイッチが順次切り換わって1周期となる．このような動作をするインバータを，6ステップインバータとよぶ．図からもわかるように，入力電流は1周期で6回同じ波形を繰り返す．つまり，入力する直流電流は出力周波数の6倍の周波数で変動している．

2章 インバータの原理

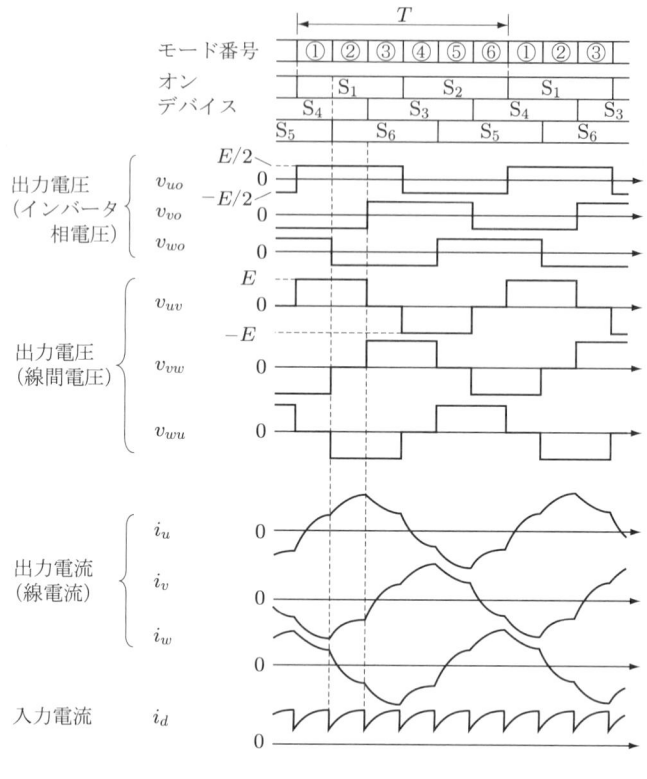

図2.9 各部の波形

2.4 電圧型と電流型

2.4.1 インバータの負荷

インバータから電力を供給される負荷は，電流型負荷か電圧型負荷のいずれかである．電流型負荷に電圧を印加するのが電圧型電源（電圧源；voltage source）である．一方，電圧型負荷に電流を流し込むのが電流型電源（電流源；current source）である．

電圧源とは，電圧を連続的に供給できる電源である．電源と並列にコンデンサがあれば電圧源になる．そのような直流電源をもつインバータを，電圧型インバータとよぶ．

電流源とは，電流を連続的に供給できる電源である．電源と直列にインダク

タンスがあれば電流源になる．これを電流型インバータとよぶ．これらを模式的に書いたのが図2.10である．

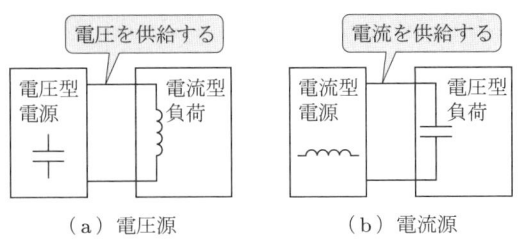

図2.10　電圧源と電流源

2.4.2　電圧型インバータ

電圧型インバータ（VSI；voltage source inverter）の基本回路を図2.11に示す．直流入力に，電圧源であるコンデンサが接続されている．コンデンサに蓄えられたエネルギーは，電圧として負荷に供給される．インバータはスイッチングにより出力電圧を制御する．電圧型インバータの出力波形の例を，図2.12に示す．電圧型インバータは電圧を制御する．結果として，流れる電流にはスイッチングによる脈動（リップル）が現れる．電流に脈動が生じるのが電圧型インバータである．

電圧型インバータは，中小容量のインバータで広く使われている．これは，電圧源に用いるコンデンサが小型軽量なので，インバータが小型化できることが大きな理由である．さらに，一般の機器は商用電源に接続して使用することを前提に設計されている．商用電源は，常時一定電圧を供給する電圧源である．

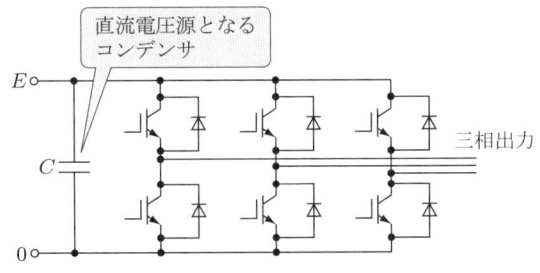

図2.11　電圧型インバータの基本回路

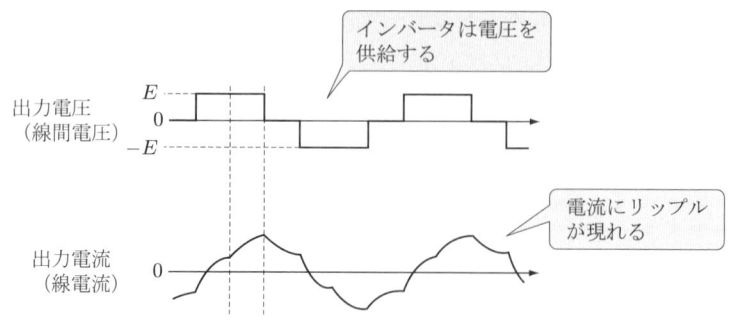

図 2.12　電圧型インバータの出力波形の例

そのため，電圧型インバータは一般負荷へ適用する場合の問題が少ない．このことも電圧型が多く用いられる理由の一つである．

2.4.3 電流型インバータ

電流型インバータ（CSI；current source inverter）の基本構成を図 2.13 に示す．直流電源に直列にインダクタンス L が接続されている．インダクタンスに流れる電流が瞬時にゼロとなると，インダクタンスに蓄積されたエネルギーを放出するために電圧が急激に上昇する．これを防ぐためには，スイッチが切り換わってもインダクタンスを流れる電流が連続して流れるようにする必要がある．そのため，3 組のスイッチには 1 周期の 1/3 である 120 度ずつ電流が振り分けられ，つねにいずれかの電流経路が確保できるように制御する．電流は断続するのではなく，常時電流を流す経路を確保しながら経路を切り換えるのである．これを転流（commutation）とよぶ．このような電流経路の確保が，電圧型インバータの制御と大きく異なる点である．

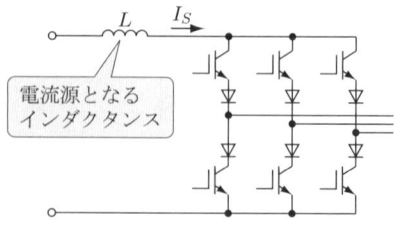

図 2.13　電流型インバータの基本回路

2.4 電圧型と電流型

　各アームの IGBT に直列に接続されたダイオードは，逆方向の電流を阻止するために挿入されている．このダイオードは原理的には不要である．しかし，スイッチがオフしている期間にスイッチには逆方向の電圧がかかってしまう．現実のスイッチングデバイスでは，高速でスイッチングでき，しかも逆耐圧が高い素子はほとんどない．そのため，オフ期間の逆方向電圧を阻止するためにダイオードを直列に接続している．

　電流型インバータの出力波形の例を図 2.14 に示す．電流型インバータは電流を制御しているので，電圧にスイッチングによる脈動（リップル）が現れる．電圧に脈動が生じるのが電流型であると考えてよい．

　電流源であるインダクタンス（リアクトル）は鉄心と巻線で構成されるので，蓄積エネルギーに対する重量，体積が大きくなってしまう．そのため，電流型インバータは大容量インバータでの使用に限定されている．

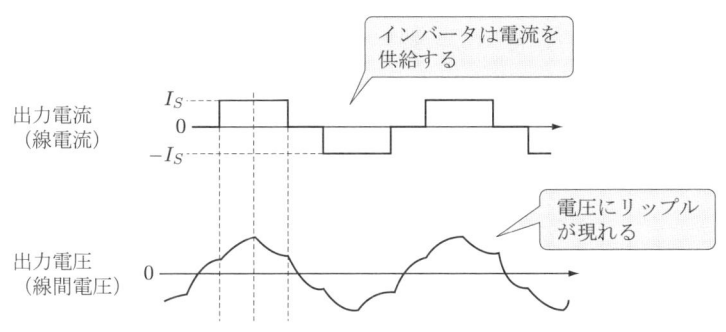

図 2.14　電流型インバータの出力波形

○─ 機械式インバータもありました ─○

　パワートランジスタがまだ高価だった頃，機械式インバータが使われることがありました．機械式インバータとは，リレーの接点を毎秒 50 回または 60 回切り換えて，方形波の交流を作り出すものです．接点の切り換えなので，当然音が出ます．100 Hz または 120 Hz のブーンという音です．当時，インバータはうるさいものという常識もありました．自動車のシガレットライターのコネクタから 12 V を取り出して交流 100 V の機器が使える，というのでカーショップではよく見かけました．音の出ないトランジスタ式が，とても高い値段で新発売されたのを見た記憶があります．

インバータ回路

インバータ回路とは，直流電力を交流電力に変換する回路を指す．一般には，交流電源で使用する装置もインバータという名称で市販されている．このようなインバータ装置は，インバータ回路のほかに内部に交流電力を直流電力に変換するコンバータ回路（整流回路）をもっている．このような装置がインバータ装置として利用されている．

インバータ回路をはじめとする電力を扱う高電圧，大電流の強電回路を主回路とよぶ．これに対して，制御や保護のための信号を扱う回路は制御回路とよぶ．主回路では，複数のスイッチ素子を組み合わせてスイッチング回路を構成する．スイッチング回路の構成は，インバータの出力波形の歪みや損失を減らすなどの機能的な要求，およびスイッチ素子であるパワー半導体デバイスの耐電圧からくる制約などにより，さまざまな組み合わせが用いられている．本章では，インバータ回路の基本事項を述べるとともに，インバータ回路を基本としたさまざまなインバータ回路について基本構成と原理を説明する．

3.1　インバータの主回路

3.1.1　インバータ回路とインバータ装置

インバータ装置の一般的な主回路を図 3.1 に示す．図の①の部分がコンバータ（整流）回路である．ここでは，三相交流を整流して直流に変換する回路を示している．入力は交流で，出力の直流電圧はとくに安定化しないことが多い．②は直流回路である．直流回路は，直流リンク（DC link），直流バス（DC bus），平滑回路（smoothing circuit）などともよばれる．コンデンサにより電圧を平滑する機能をもっている．直流電圧を安定化したり調節したりする場合，平滑回路で行うことが多い．①の整流回路と②の平滑回路を合わせてインバータの直流電源とよぶこともある．③がインバータ回路である．図では，直流電力を三相交流に変換する回路を示している．

3.1 インバータの主回路

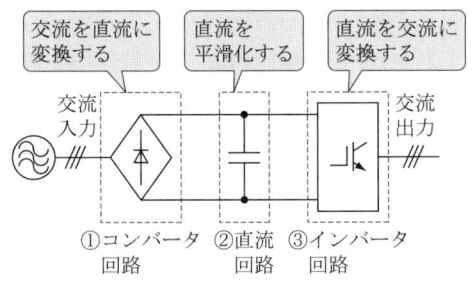

図 3.1 インバータ装置

インバータ回路の模式図を図 3.2 に示す．ここで，各スイッチング素子をインバータのアーム（arm）とよぶ．上下の 1 組のアームをレグ（leg）とよぶ．レグを複数合わせたものをブリッジ（bridge）とよぶ．レグが 3 組の場合，三相ブリッジとよぶ．これが三相インバータの基本回路である．

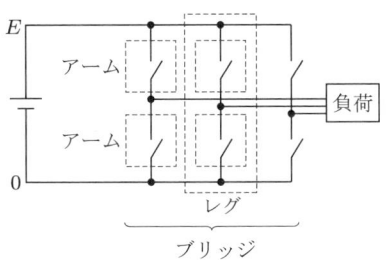

図 3.2 インバータ回路の基本構成

3.1.2 単相と三相のインバータ回路

単相インバータは直流電力を単相交流電力に変換する回路である．基本回路は，図 2.1 で示したような二つのレグでブリッジを構成した H ブリッジ回路である．単相インバータは単相交流を出力するので，三つ組み合わせれば三相電力が出力できる．すなわち，交流出力のインバータの最小単位として考えることができる．

H ブリッジはインバータばかりでなく，プラスマイナスが発生可能な双方向の直流電源の回路として使うこともできる．直流サーボアンプには，この H ブリッジ回路が使われている．

単相インバータの出力する交流電力の対地電位は，インバータの直流電源の

23

対地電位と関係する．すなわち，直流電源のプラスマイナスのいずれかが接地電位の場合，対応する交流出力が接地電位となる．ところが，図3.3に示すように，日本国内の単相200V系では，対地電位に対して±100Vの電位である．このとき，交流200Vの単相負荷では，電源の中間点が接地電位である．そのため，電源系の接地とインバータの接地は異なるのである（8.4節参照）．参考として，三相電源の接地電位も示す．通常，三相のうち一相が接地電位になっている†．

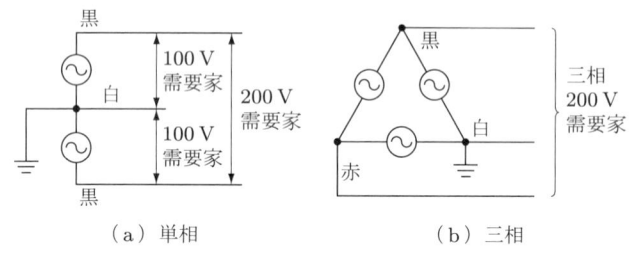

(a) 単相　　　　　　(b) 三相

図3.3　商用電源の接地

　市販の単相インバータでは，単相交流入力で三相交流出力のものもある．この場合，整流回路のみが単相回路であり，インバータ回路は三相インバータである．エアコンなどの家電機器のモータ用インバータは，このような構成で単相電源を用いて三相モータを駆動している．また，三相インバータの出力のうち2本を使えばHブリッジの回路となり，単相交流を得ることもできる．

　インバータで三相交流を出力する場合，単相インバータ3個により各相を構成することも可能である．しかし一般には，図3.2で示したように三つのレグにより三相インバータを構成したほうが，素子の数が少なくてすむ．

　三つのレグに対して120度ずつ位相をずらしてスイッチングすれば，三相交流が合成できる．インバータ回路は三つ以上の多くのレグにより構成されることもある．レグを増やし，それに応じた位相差でスイッチングすることにより，5相交流や6相交流を出力する多相のインバータも構成できる．とくに，6相交流は大型のモータの駆動に使われることがある．

---

† 接地相は高抵抗を介して接地と接続する．これにより電位を同一にでき，落雷などの大電流は流れ込まない．

3.2 多レベルインバータと多重インバータ

多レベルインバータとは，トランスやリアクトルを用いずに複数のインバータの出力波形を合成する方式である．各インバータはパルス幅を可変する PWM (pulse width modulation) 制御されることが多い．一方，多重インバータとは，トランスやリアクトルを用いて複数のインバータの出力を合成する方式である．多重インバータは，方形波インバータを用いて，多重化により高調波を低下させることが多い．ここでは，多レベルインバータと多重インバータについてそれぞれ述べる．

3.2.1 多レベルインバータ

これまで述べてきたインバータの各相の出力電圧は，E および $-E$ のいずれかである．そのため，2 レベルインバータとよばれる．多レベルインバータでは，入力の直流電圧を $N-1$ 個のレベルに分割する．このとき，出力電圧は 0 を含むと N 個のレベルの電圧を出力できる．N レベルインバータの原理を図 3.4 に示す．多レベルインバータの出力は，分割された直流電源の端子の一つが選択されていることになる．

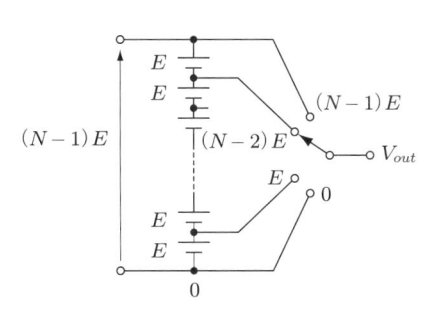

図 3.4　N レベルインバータの原理

多レベルインバータは，スイッチ素子である半導体デバイスの耐圧よりも高い入出力電圧を扱うことが可能である．また，出力する PWM 波形のキャリア周波数がレベルの分だけ等価的に高くなるので高調波も低下する．そのため，高電圧を扱うインバータで使われる．

3 レベルインバータは多レベルインバータの一つである．3 レベルインバー

タは直流電源の中性点も出力となるので，NPC インバータ（neutral point clump）ともよばれる．図3.5に単相3レベルインバータの主回路を示す．この回路では，上下二つのインバータ回路により 0，$E/2$，$-E/2$ の3レベルの相電圧が出力できる．3レベルインバータのレグのスイッチングパターンを表3.1に示す．このように組み合わせることにより，線間電圧は 0，$\pm E/2$，$\pm E$ の5レベルが出力できる．

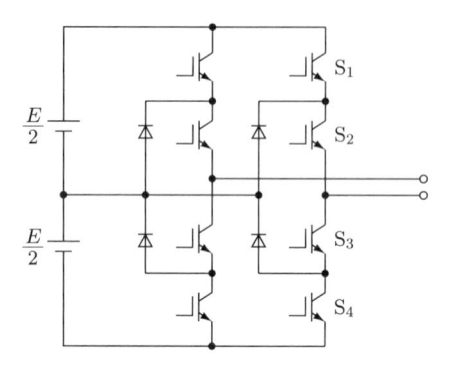

図3.5 単相3レベルインバータ

表3.1 3レベルインバータのスイッチングパターンと出力電圧

S_1	S_2	S_3	S_4	出力相電圧
1	1	0	0	$E/2$
0	1	1	0	0
0	0	1	1	$-E/2$

3レベルインバータの出力波形の例を図3.6に示す．図からわかるように，出力線間電圧はつねに $E/2$ ずつ変化する．出力線間電圧が正の場合，S_1 と S_3 がスイッチングし，負の場合，S_1 と S_3 は休止し，S_2 と S_4 がスイッチングする．そのため，各スイッチング素子のスイッチング周波数は，線間電圧として出力

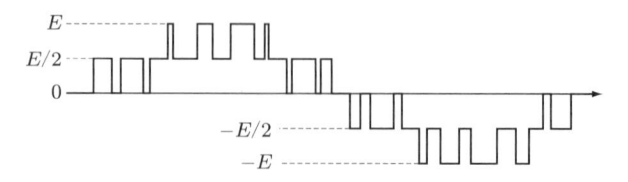

図3.6 3レベルインバータの出力線間電圧

するキャリア周波数の 1/2 である．

3 レベルインバータは，半導体デバイスの耐圧が低い時代に電鉄用を中心に広く用いられた．最近では，高調波の低減のために小容量のインバータにも用いられるようになった．

3.2.2 直列多重インバータ

単相インバータを 2 個直列に多重化した回路を，図 3.7 に示す．二つのインバータは 120 度導通の方形波出力で動作しているとする．出力は変圧器を介して合成される．インバータ 2 はインバータ 1 に対し位相 ϕ_0 で動作しているとする．このときの動作波形を図 3.8 に示す．二つのインバータの出力が重なっている期間は，出力電圧は 2 倍になる．

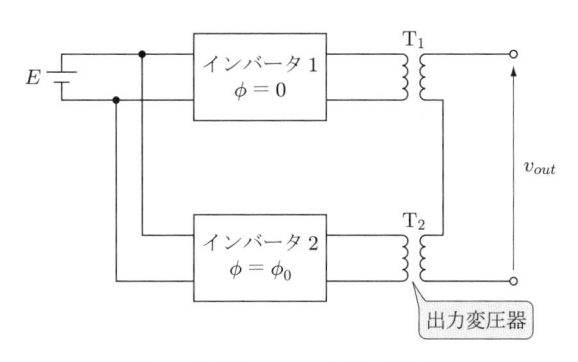

図 3.7　直列多重インバータ

パルス幅が $2\pi/3$ なので，二つのインバータの合成波形 v_{out} には 3 次高調波は含まれない．また，ϕ_0 を調節することにより，出力電圧の基本波が制御できる．しかし，ϕ_0 の調節により高調波も変化するので，電圧の制御範囲を広くすると高調波が増加してしまう．そのため，おもに電圧制御幅の小さい定電圧定周波（CVCF；constant voltage constant frequency）の用途に使われる．なお，二つの変圧器 T_1，T_2 の巻数比は，等しければ二つのインバータの分担は均等であるが，等しくなくても出力の合成は可能である．

三相の場合，三相変圧器を用いれば同様の考え方で出力を合成可能である．図 3.9 に三相二重インバータの回路を示す．このとき，2 台のインバータは互いに 30 度の位相差で運転している．変圧器 2 の変圧比を変圧器 1 の $1/\sqrt{3}$

3章 インバータ回路

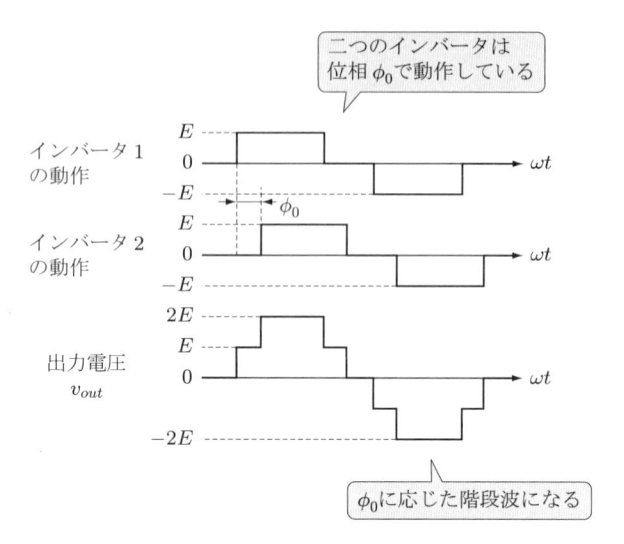

図3.8 多重インバータの動作波形

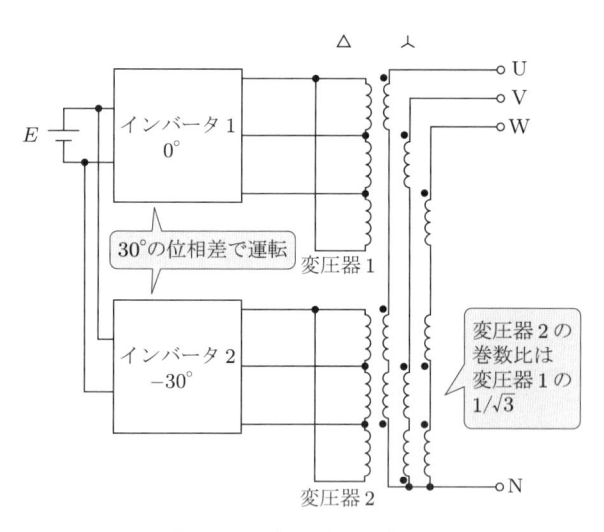

図3.9 三相二重インバータ

とすると，2台の変圧器の電圧は等しくなる．このとき，出力の相電圧は図3.10に示すように，$(1+2/\sqrt{3})E$，$(1+1/\sqrt{3})E$，$1/\sqrt{3}E$ の6レベルになる．

この波形には，5次，7次の高調波は含まれていない．高調波は11，13，23，25，…のように，$(12m\pm1)$ 次の成分のみ含む．このように，方形波の

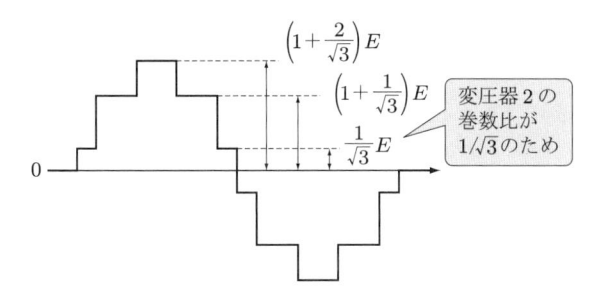

図3.10 三相二重インバータの相電圧

インバータでも多重化すれば高調波が低下する．直列二重インバータは12ステップで1周期なので，12ステップインバータ，または12パルスインバータとよぶことがある．同様にして三多重化したものを18パルスインバータとよぶ．

3.2.3 並列多重インバータ

2台のインバータをリアクトルにより並列多重化した回路を，図3.11に示す．このような中間タップをもつリアクトルを，相間リアクトル（interphase inductor）とよぶ．出力電圧は

$$v_{out} = \frac{v_1 + v_2}{2}$$

であるが，出力電流を多重化できる．

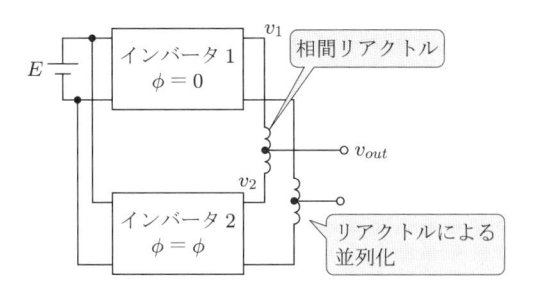

図3.11 並列多重インバータ

3.3 共振型インバータ

　パワーデバイスがスイッチングすると，スイッチング損失が発生する．電圧または電流のいずれかがゼロのときにスイッチングすれば，スイッチング損失は発生しない．このようなスイッチングをソフトスイッチング（soft switching）とよぶ．これに対して，従来のスイッチングはハードスイッチング（hard switching）とよばれる．ソフトスイッチングを実現するためには共振回路が用いられる．本節では，ソフトスイッチングおよび共振型インバータについて述べる．

3.3.1　ソフトスイッチング

　ソフトスイッチングは，共振現象を利用して，スイッチング時の電圧・電流の変化を緩やかにするものである．ソフトスイッチングはスイッチング損失（5.3参照）が発生しないばかりでなく，ハードスイッチングにみられる電圧・電流の急峻な変化がない．電圧・電流の急峻な変化はサージを発生する．これがEMCで問題となる電磁ノイズの発生源となる．

　ソフトスイッチングは，ZCS（zero current switching）とZVS（zero voltage switching）に大別される．

　ZCSのターンオフを例に，ソフトスイッチングを説明する．図3.12(a)はスイッチオフ時の電圧・電流波形である．スイッチングの瞬間には電圧・電流ともゼロである．このとき，電流がゼロであれば，点線のように電圧がゼロでない場合にもスイッチング損失は発生しない．このようなスイッチングは，図(b)において電圧と電流の平面で考えたスイッチングの軌跡が原点を通るとい

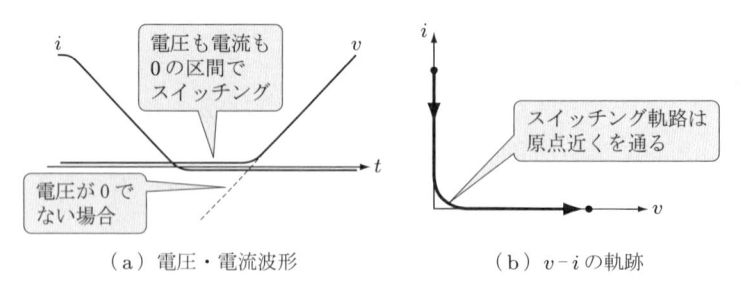

(a) 電圧・電流波形　　　　　(b) v-iの軌跡

図3.12　ソフトスイッチング

うことである.

なお，ソフトスイッチングはスイッチング損失は生じないが，EMCの面からの考慮も必要である．ZCSにおいて電圧がスイッチング時に急激な変化をした場合，電圧変化（dv/dt）が大きいので，寄生容量によりノイズ，サージが発生する可能性がある．ZVSについても同様に，電流変化（di/dt）と分布インダクタンスにより，ノイズ，サージが発生する可能性がある．

3.3.2 共振型インバータとは

ソフトスイッチングを実現するためには，共振回路が使われる．ZCSの場合，スイッチング時に共振電流が流れるので電流共振型とよばれる．ZVSの場合はスイッチに共振電圧が印加され，電圧共振型とよばれる．なお，共振している場合，電圧・電流ともに波形は正弦波である．いずれを制御するかという観点からこのように使い分けられている．

共振型変換回路とは，主回路に共振回路や補助スイッチを付加したものである．共振型変換回路はさまざまな方式が提案されている．以下の説明は，共通する基本原理である．

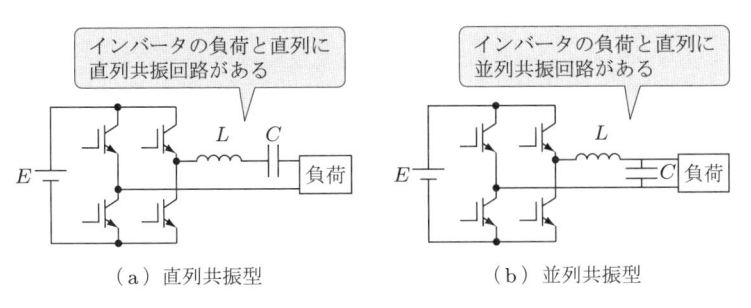

(1) 負荷共振型変換回路

負荷共振型変換回路とは，インバータの出力に共振回路を接続した方式である．図3.13(a)に示すのは，LC共振回路を負荷と直列に接続する直列共振型回路である．

出力に直列にリアクトルを接続し，さらに並列にコンデンサを接続したのが，図(b)に示す並列共振型回路である．インバータのスイッチング周波数と共振

（a）直列共振型　　　　　　　　（b）並列共振型

図3.13　負荷共振型変換回路

周波数（$f_s = 1/2\pi\sqrt{LC}$）の大小関係で回路の動作が異なってしまう．また，この回路では，インバータの周波数を変化させるとソフトスイッチングできないことも生じてしまう．

(2) 準共振型変換回路

準共振型変換回路とは，スイッチングデバイスとLC共振回路を組み合わせた共振スイッチを用いるものである．電圧共振スイッチと電流共振スイッチがある．共振スイッチの原理を図3.14に示す．電流共振スイッチは，スイッチに直列にリアクトルを接続することにより，電流の変化を低減させてゼロ電流でターンオンする．ターンオフ時はLC共振により，電流ゼロの期間にスイッチングする．同様に，電圧共振スイッチはスイッチに並列にコンデンサを接続し，ターンオフ時の電圧上昇を抑制する．ターンオンはLC共振を利用してゼロ電圧スイッチングを行う．実際に使うためには，コンデンサの充放電，リアクトルのリセットなどの時間を考慮する必要がある．

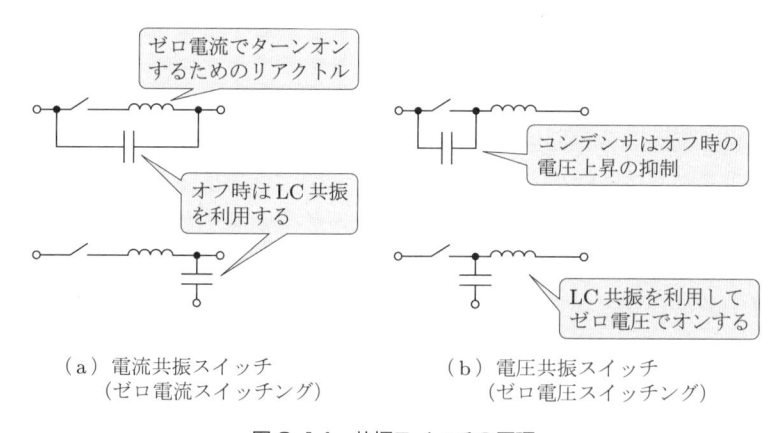

（a）電流共振スイッチ
　　（ゼロ電流スイッチング）

（b）電圧共振スイッチ
　　（ゼロ電圧スイッチング）

図3.14　共振スイッチの原理

(3) 部分共振型変換回路

部分共振型回路は，スイッチング時のみに共振現象を利用できるようにした回路である．図3.15に示すように回路に補助スイッチを設け，スイッチング時のみ L を接続し共振させる．このとき C は，スイッチ素子の寄生キャパシタンスが利用できる．

3.3 共振型インバータ

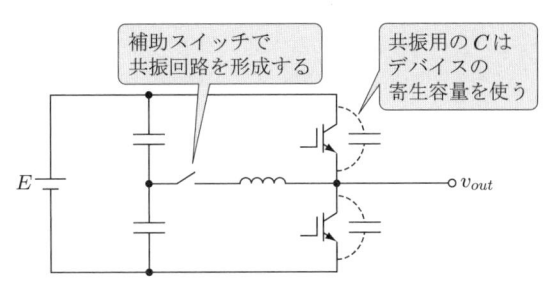

図3.15 部分共振型回路

(4) 共振リンク型変換回路

共振リンク型変換回路には，DCリンク型とACリンク型がある．DCリンク型はインバータの直流入力に共振回路を設け，共振回路の出力電圧を共振周波数のパルス列とする方法である．DCリンク回路の原理を図3.16に示す．出力電圧はパルス密度変調（PDM；pulse density modulation）波形となる．共振周波数はインバータの出力周波数より十分高くする必要があり，また，共振電圧のピーク値は電源電圧Eの2倍以上となる．

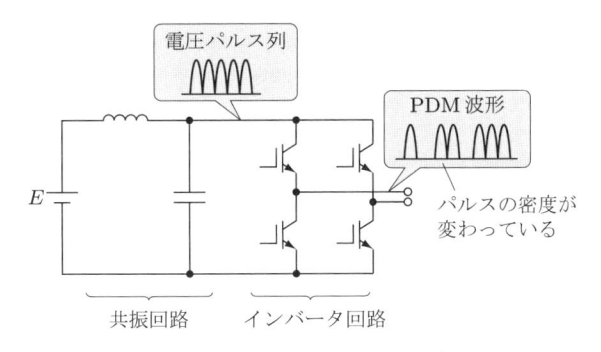

図3.16 DCリンク共振型インバータ

ACリンク型の回路を図3.17に示す．ACリンク型は共振型の高周波インバータと低周波のインバータを用いる．高周波の共振波形を低周波の出力周波数で振幅変調した波形を出力する．振幅変調波形の包絡線が，出力すべき交流波形である．出力のローパスフィルタで低周波成分のみ出力する．この方式は出力周波数の無効電力を吸収できないので，負荷力率が1の用途に限られる．

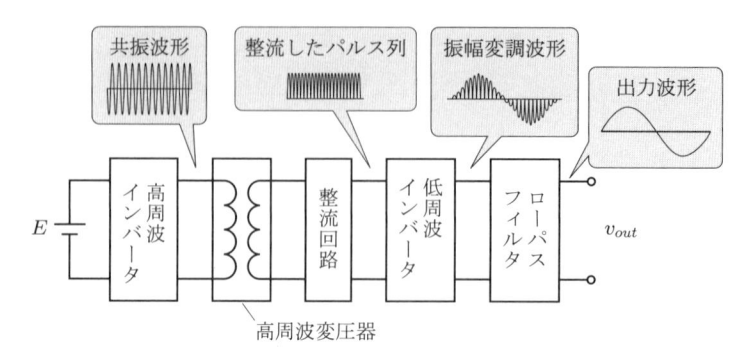

図3.17　ACリンク共振型インバータ

3.3.3　各種の共振型インバータ

　蛍光灯などの放電管の電源，IHヒータに使われるインバータは，いずれも高周波電力を出力するので，共振型のインバータ回路が使われている．それぞれ，負荷に特有な制御を行っている．ここでは，それらの回路をいくつか紹介する．

(1) 放電管用インバータ

　蛍光灯をはじめとする放電を利用した照明機器は，図3.18に示すような負性抵抗特性をもっている．負性抵抗とは，電流が増加すると抵抗（インピーダンス）が低下する性質のことをいう．電源のインピーダンスが低いと，わずかな電流の増加によって放電管のインピーダンスが低下し，さらに電流が増加す

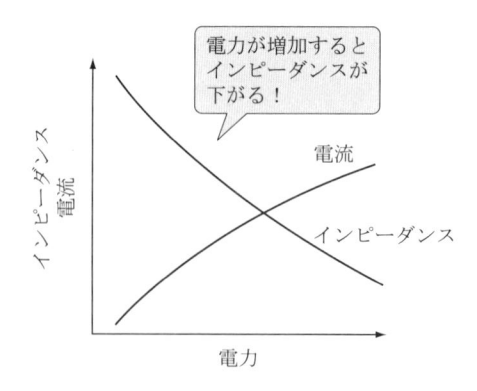

図3.18　蛍光灯のインピーダンス特性

る，というように暴走を起こしてしまう．そのため，安定器として外部にインピーダンスを接続して電源インピーダンスを高くする必要がある．また，放電を開始させるには高い電圧（トリガー[†]）を必要とする．

従来の蛍光灯の回路を図 3.19 に示す．グローランプスイッチを閉じると蛍光灯のフィラメントに電流が流れ，フィラメントを予熱する．予熱が終了し，グローランプスイッチを開くと，予熱中にチョークコイル（リアクトル）に蓄積されたエネルギーが逆起電力となって，蛍光灯に高電圧を印加する．それがトリガーパルスとなって放電を開始する．放電中はチョークコイルのインダクタンスが負性インピーダンスより大きいので電流が安定する．なお，50/60Hz の商用周波数でプラスマイナスの放電を繰り返して点灯している．

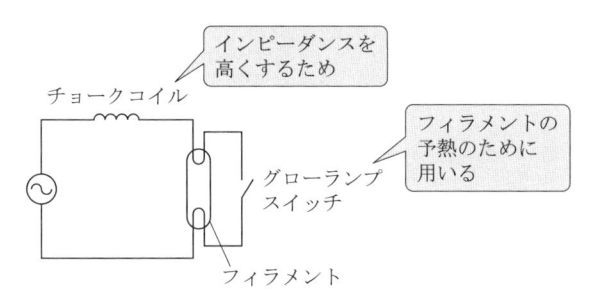

図 3.19 従来の蛍光灯

蛍光灯のインバータは，このような従来の蛍光灯回路の機能と同じものを有している．さらに，20 kHz 程度で高周波点灯するのでちらつき等もない．図 3.20 に示す回路は，LC の電圧共振を使った回路である．初期にはこのような 1 石式の共振回路が使われた．インバータの小型化，効率および制御性から，近年は図 3.21 に示す 2 石式のハーフブリッジ共振回路がよく使われる．

(2) IH ヒーター用インバータ

誘導加熱（IH；induction heating）は，古くから工業用の加熱法として用いられてきた．近年は，IH クッキングヒータとして家庭用の調理器具に広く使われるようになった．IH クッキングヒータは電磁調理器ともよばれ，高周波の磁界中に置かれた金属性の鍋や釜の内部を流れる渦電流によるジュール熱

[†] trigger；引き金になるような信号やパルスなどを指す．

3章　インバータ回路

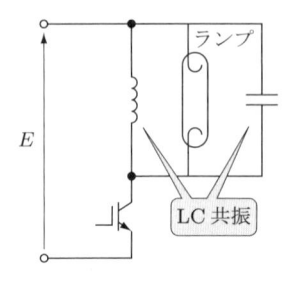

図3.20　1石式共振型回路

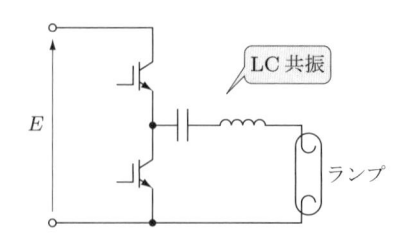

図3.21　共振型点灯回路（2石式）

を利用するものである．

　蛍光灯と異なり，インバータの負荷は高周波磁界を発生させるためのコイルである．IHヒータ用インバータの回路を図3.22に示す．動作周波数は20 kHz程度が一般的である．近年は透磁率の低いアルミなどの鍋に対応するため，60 kHzの動作周波数のものが出現している．

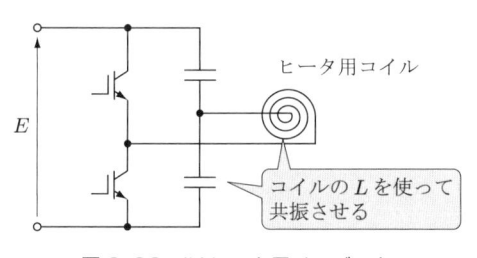

図3.22　IHヒータ用インバータ

3.4 PWMコンバータ

　インバータ回路を使った整流回路を，PWMコンバータとよんでいる．PWMコンバータの回路を図3.23に示す．この回路を使えば交流入力を直流に整流し，かつ交流入力電流を正弦波に制御できる．PWMコンバータは，ダイオードブリッジの各ダイオードに並列にIGBTが接続された回路になっている．IGBTがないと通常のコンデンサ入力型の整流回路である．通常の整流回路の場合，電源電圧が平滑コンデンサの電圧より高い期間だけパルス状の電流が流れる（8.3節参照）．

　PWMコンバータの動作原理を，図3.24を用いて説明する．図のように

3.4 PWM コンバータ

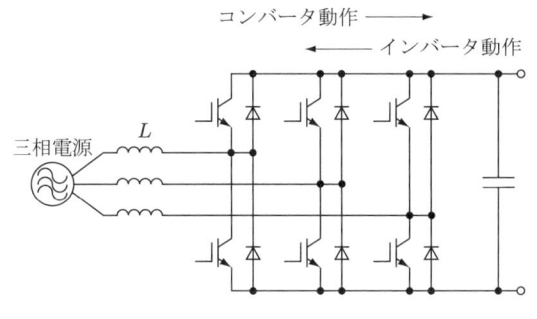

図 3.23 PWM コンバータ

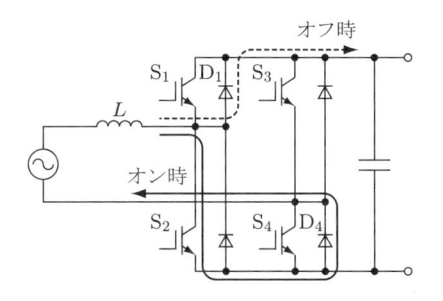

図 3.24 PWM コンバータの動作原理

S_2 をオンさせると，実線の矢印のように電流が流れる．電流の経路は次のようになる．

$$交流電源 \rightarrow L \rightarrow S_2 \rightarrow D_4 \rightarrow 交流電源$$

このときインダクタンス L に電流が流れるので，この間にインダクタンスに次のような磁気エネルギーが蓄積される．

$$U = \frac{1}{2}LI^2$$

次に S_2 をオフする．このとき，インダクタンス L に蓄えられたエネルギーは

$$L \rightarrow D_1 \rightarrow 平滑コンデンサ$$

という経路の電流となり，コンデンサを充電する．つまり，S_1，S_2 のオンオフで入力する電流を制御できる．S_1，S_2 のスイッチングを PWM 制御すれば，入力電流の波形は正弦波に近似できる．

この回路は，各アームが図 3.25 に示す昇圧チョッパ（step-up chopper）[†]

[†] 昇圧コンバータ（boost converter）ともいう．

3章 インバータ回路

図3.25 昇圧チョッパ

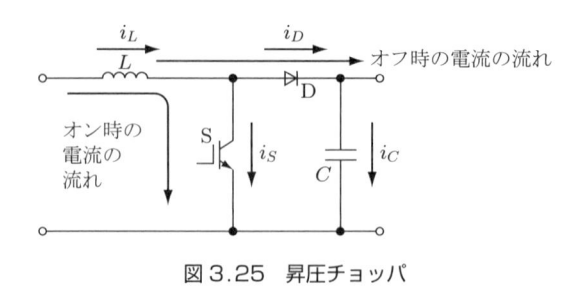

として動作している．SがオンするとL→Sと電流が流れ，Lにエネルギーを蓄積する．Sがオフすると，蓄積されたエネルギーはL→D→Cと流れ，コンデンサを充電する．このときの電流波形を図3.26に示す．i_Sが流れている期間は，Lから負荷に電流を供給している．

PWMコンバータを用いて入力電流を電圧と同位相に制御すると，力率＝1で運転できる．また，PWMコンバータはインバータの回路そのものであるので，図3.23の右から左に電力変換することも可能である．つまり，直流電力を交流電力にPWM制御して電源に供給できる．PWMコンバータを使えば，電力系統と直流電源の間で双方向の電力のやり取りが可能になる．系統との電力のやり取りを系統連系という．系統連系については，9.7節を参照していただきたい．

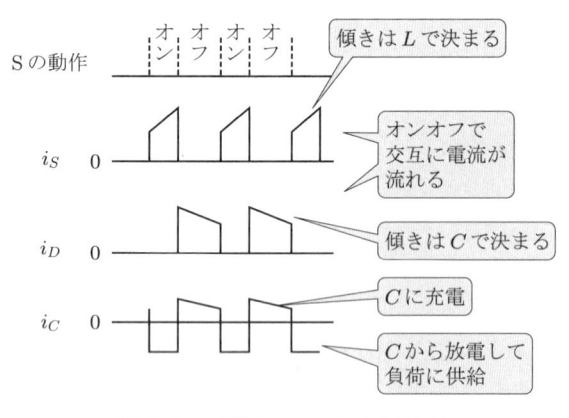

図3.26 昇圧チョッパの電流波形

3.4 PWM コンバータ

2レグでも三相出力のインバータができます

皆さんは，三相電力の測定に二電力計法というのがあるのはご存知だと思います．三相のうちの二つの相の単相電力を測定すれば，その電力の和が三相電力になるという原理です．これと同じことがインバータでも可能です．二つの単相電源で，三相の電力を発生することが可能です．

インバータの二つのレグを使って V 結線にします．図 3.27(b) に示すように，V 結線の共通線は直流電源の中性点に接続します．このようにして二つのレグの相電圧を 60 度位相差にします．すると三相負荷には，三相が平衡した電圧が発生するのです．

(a) V 結線の 2 電源　　(b) 二相インバータ

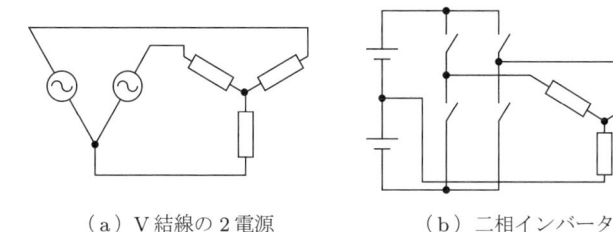

図 3.27　二相インバータの原理

二相インバータは，電圧利用率[†]が低いことなどからあまり実用化されていません．しかし，四つのパワーデバイスで三相負荷が駆動できます．インバータも二相に座標変換して制御しています．二つ合わせれば何かすばらしいことを思いつきそうなのですが．

---

† 直流電圧に対して出力できる基本波電圧の割合．

4章 インバータの主回路素子

　インバータの主回路は，スイッチに使う半導体デバイスばかりでなく，さまざまな素子により構成されている．半導体デバイスは制御により動作を調節できるので，能動素子とよばれる．一方，コンデンサやリアクトルなどの回路素子は，電圧・電流などの外部条件により動作が決まってしまうので，受動素子とよばれる．

　インバータの主回路の性能や機能の多くは，スイッチである半導体デバイスにより決まるように思われる．しかし，主回路を構成するためには受動素子が不可欠である．受動素子の動作によって，インバータ回路の性能や機能が左右されてしまう．また，インバータの大きさにも受動素子の大きさが影響する．そこで本章では，主回路素子としてパワー半導体デバイスばかりでなく，受動素子であるリアクトル，コンデンサおよび抵抗も含めて述べる．なお，パワー半導体デバイスについての詳細は，専門書を参照いただきたい．

4.1 パワー半導体デバイス

4.1.1 半導体の整流作用

　半導体（semiconductor）とは，導体と絶縁物の中間の抵抗率をもつものと定義されている．一般的には，半導体とは抵抗率が $10^{-2} \sim 10^4 \,\Omega\mathrm{cm}$ のものを指すといわれている．半導体の抵抗率は，温度が上昇すると低下するという特性をもっている[†]．シリコンやゲルマニウムは元素そのものが半導体であり，真性半導体とよばれている．しかし，真性半導体は抵抗率がかなり大きいので，そのままでは素子として使えない．真性半導体に不純物を添加して，抵抗率を下げた不純物半導体が素子に使われている．

　不純物半導体は，原子価が4である（Ⅳ族）シリコンに，原子価が5（Ⅴ族）

[†] 金属の抵抗率は温度とともに上昇する．半導体は逆の性質を示す．

4.1 パワー半導体デバイス

または3（Ⅲ族）の元素を添加したものである．原子価4のシリコンに原子価5のアンチモン（Sb）を添加すると，内部の電子が過剰となる．過剰な電子は自由電子とよばれる．逆に，原子価3のホウ素（B）を添加すると内部の電子が不足し，正孔（hole；電子の抜けたあと）ができる．この様子を図4.1に示す．半導体内部の電気伝導は，このような自由電子または正孔の移動により行われる．自由電子と正孔を合わせてキャリア（carrier）とよぶ．キャリアとは，電荷を運ぶものである．多数キャリアが電子のものをn型半導体，多数キャリアが正孔のものをp型半導体とよぶ．

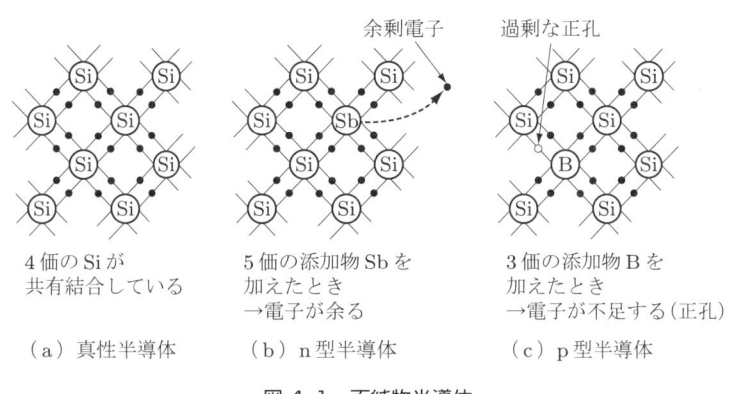

（a）真性半導体　4価のSiが共有結合している
（b）n型半導体　5価の添加物Sbを加えたとき→電子が余る
（c）p型半導体　3価の添加物Bを加えたとき→電子が不足する（正孔）

図4.1　不純物半導体

　p型半導体とn型半導体を接合したものがpn接合である．pn接合に，p型がプラス，n型がマイナスになるように電源を接続する（順方向電圧）と，電流が流れる．電源の極性を逆にして，p型をマイナス，n型をプラスに接続すると（逆方向電圧），ほとんど電流が流れない．すなわち，pn接合は一つの方向だけに電流を流す性質をもつ．これを半導体の整流作用という．

　逆方向電圧が高くなると電流を阻止（逆阻止）できなくなり，ある電圧から急激に電流が流れてしまう．これを逆降伏（reverse breakdown）とよぶ．半導体素子の定格電圧は，逆降伏しないような値に定められている．

4.1.2　半導体デバイス

　半導体デバイスには，外部から制御できる可制御デバイスと，制御できない非可制御デバイスがある．非可制御デバイスは，外部から加わる電圧の極性によって導通，非導通が決まってしまう．ダイオードがこれにあたる．可制御デ

41

バイスは，オンからオフも，オフからオンも制御できるデバイスである．自己消弧型デバイス（turn-off device）ともよばれる．表4.1に，各種のパワー半導体デバイスの回路記号，特徴などを示す．

表4.1 スイッチ素子に使われる半導体デバイス

種 類	回路記号	特 徴
ダイオード	A アノード K カソード	主極間に加わる電圧の極性によって，導通・非導通が決まる．
バイポーラトランジスタ	C コレクタ B ベース E エミッタ	ベース電流によりオンオフ制御可能なデバイス．パワートランジスタとよばれる．
パワーMOSFET	D ドレイン G ゲート S ソース	キャリアは正孔または電子のいずれか一方の，ユニポーラ型デバイス．少数キャリアの蓄積がないのでスイッチング速度が速い．電圧駆動で，駆動のための電力が少ない．
IGBT	C コレクタ G ゲート E エミッタ	バイポーラとMOSFETの複合デバイス．バイポーラよりオン電圧，駆動電力とも小さく，スイッチング時間が短い．
GTO	A アノード G ゲート K カソード	ゲート信号でオンもオフも制御できるサイリスタ．大容量に限定される．

　スイッチング素子としてどのデバイスを使うかは，用途から決まる．一般に，デバイスは容量が大きいとスイッチング速度が遅い．100 kHz級の高速スイッチングを行う場合，MOSFETが使われる．MOSFETはまた，50 V級の低電圧定格のものは低損失という特徴がある．また，10,000 kWを超すような大容量ではGTOが使われる．それ以外の大部分のインバータでは，現在はIGBTが使われると考えてよい．

　スイッチングに用いるパワー半導体デバイスはこれまで，低損失化，高速化の方向で性能向上の努力がなされてきた．IGBTの出現により，これ以上の高速化の要求はそれほど高くなくなった．モータ制御では，これ以上高速スイッチングしても，現在のところCPUの演算が追いつかないこと，およびモータ

の絶縁構造に起因する高周波の漏洩電流が増加することなどがその理由である．一方，近年ではインバータの用途が，ハイブリッド自動車をはじめとする車載分野に広がってきた．このため，エンジンの冷却水†で冷却できるような高温動作のパワー半導体デバイスの要求が高まってきている．

4.1.3 IGBT

現在では，インバータの多くがパワー半導体デバイスとして IGBT を使用している．そこで，IGBT について概要を述べる．

IGBT の原理を説明する等価回路を図 4.2 に示す．IGBT は，原理的には pnp 型のバイポーラトランジスタに，MOSFET がダーリントン接続している回路と考えられる．IGBT のゲート‐エミッタ間に電圧を印加すると，MOSFET のゲートに電圧を印加することになり，MOSFET が導通する．これにより，pnp トランジスタのベース‐エミッタ間の抵抗が小さくなり，ベースから MOSFET のソースへ電流が流れる．これにより pnp トランジスタが導通する．

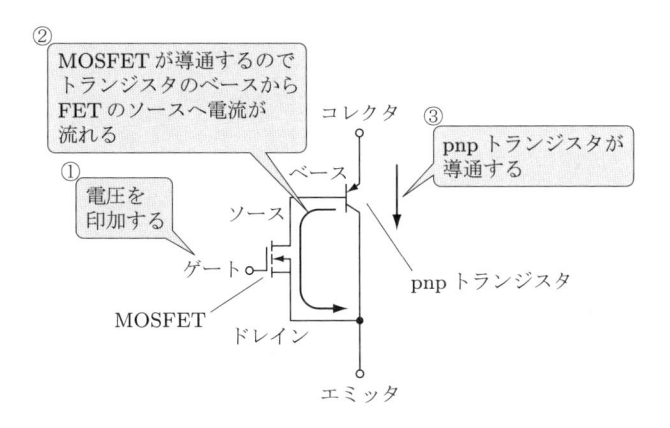

図 4.2 IGBT の機能を示す等価回路

実際の IGBT の構造を，図 4.3 に示す．構造的には，IGBT は MOSFET に P$^+$ 層を追加した構造となっている．実際の素子は，バイポーラトランジスタの改良というより MOSFET を改良したような構造となっている．MOSFET

---

† エンジン用冷却水のラジエータは，最高水温 120℃ に設定されているので，現在の半導体の冷却には温度が高すぎる．

は，耐圧を高くするためには図で示す n^- 層を厚くする必要がある．耐圧を高くすると，n^- 層の抵抗が増加するのでオン抵抗が大きくなってしまう．そのため，高耐圧の MOSFET はオン損失が大きい．ところが IGBT は，p^+ 層が追加されることにより，ここに pn 接合ができてダイオードが構成される．そのため，オン時には少数キャリアである正孔が注入され，n 層の抵抗が低下する．これを電導度変調という．この効果により，オン抵抗がバイポーラトランジスタ並みに小さいのである．

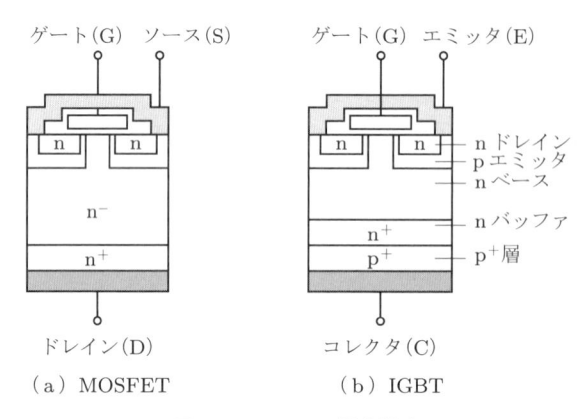

（a）MOSFET　　　　　（b）IGBT

図 4.3　IGBT の基本構造

　IGBT の実際の動作を示す等価回路を，図 4.4 に示す．IGBT は，コレクタからエミッタの間が pnpn 構造になっている．これを寄生サイリスタとよぶ．動作電流が大きくなると，IGBT はサイリスタとして動作してしまう．サイリスタは自己消弧能力がないので，ゲート電圧を遮断してもオフしなくなる．こ

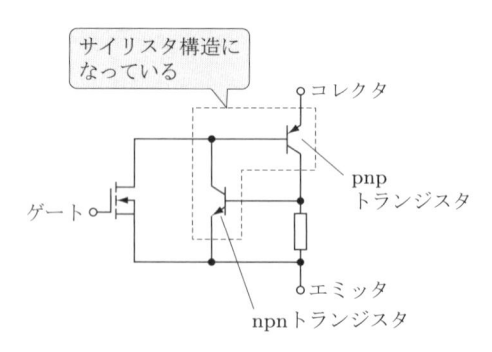

図 4.4　IGBT の動作を示す等価回路

れをラッチアップ現象という．ラッチアップは素子破壊の原因となる．さまざまな対策技術が開発され，現在ではほとんど問題はなくなっている．

4.1.4 パワーモジュール

インバータに使われるパワー半導体デバイスは，単体素子ではなくモジュールとして使われることが多い．パワーモジュールの一般的な構造を図4.5に示す．半導体チップは，絶縁基板上の金属の配線パターンにはんだ付けされている．さらに，絶縁基板は銅などの金属のベース（ヒートシンクという場合もある）にはんだ付けされている．金属ベースの裏側はモジュール外部に露出している．チップを外部配線と接続するために，モジュール内部ではアルミワイヤが接続されている．これをワイヤーボンディングという．アルミワイヤは，半導体チップに超音波溶接されている．チップの周囲は，チップやボンディングワイヤの保護のため，シリコンゲルが充填されている．パワーモジュールは，外部との電気的接続はすべて上面で行い，また，放熱は下面から行う．

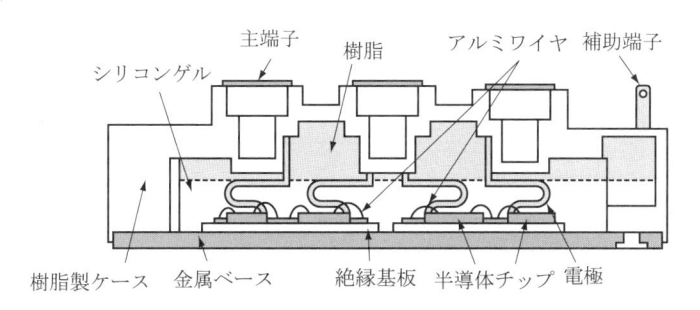

図4.5 パワーモジュールの構造

パワーモジュールは，搭載されたチップの名前を用いて，IGBT モジュール，ダイオードモジュール，FET モジュールなどとよばれる．単一素子のモジュールもあるが，モジュール内に上下2アーム，あるいは6アーム分を組み込んで，内部で配線しているものもある．モジュールの例を図4.6に示す．

近年，IPM（intelligent power module）が市販されている．これは，モジュール内部に，パワー半導体チップのほかに駆動回路，保護回路を内蔵したものである．IPM の内部構造を図4.7に示す．駆動回路を内蔵しているので，外部からは信号のみを供給すれば動作する．保護回路の機能も内蔵しているので，過熱，短絡，制御回路異常などからの保護が可能である．組み込まれている回

4章 インバータの主回路素子

（a）IGBT
モジュール

（b）ダイオード
モジュール

（c）インバータ
モジュール

（d）ダイオードブリッジ
モジュール

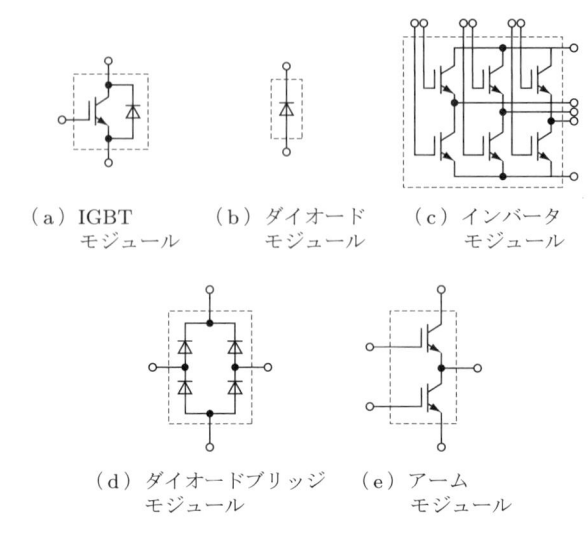

（e）アーム
モジュール

図4.6 モジュールの回路の例

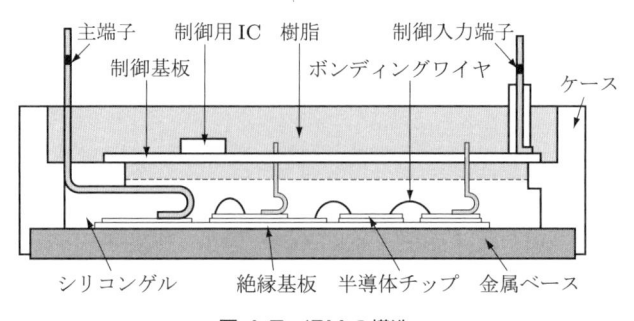

図4.7 IPMの構造

路の例を図4.8に示す．IPMを使うと，パワー半導体デバイス特有の周辺回路のノウハウが不要になり，比較的容易にインバータを作ることができる．

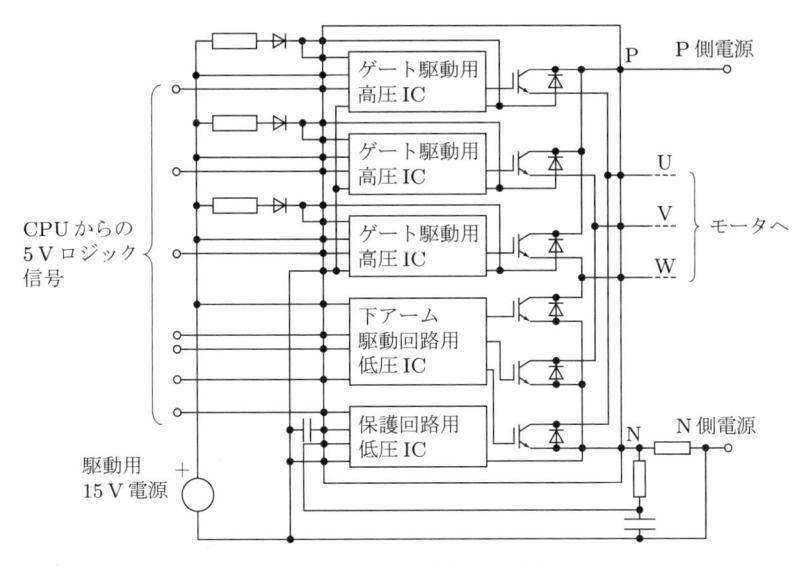

図 4.8　IPM の内部回路の例

4.2　リアクトル

　主回路に用いるインダクタンス素子を，リアクトル（inductor）とよぶ[†]．リアクトルは，インバータの回路ではいろいろな用途に使われる．リアクトルの機能と目的を次に示す．
　（1）電流の急激な変化の抑制：力率改善，波形改善
　（2）高周波の遮断：チョークコイル，EMC 対策
　（3）電流源：電流型インバータの電源

4.2.1　インダクタンスのはたらき

　ここでは，インダクタンスの動作を簡単に説明する．図 4.9(a) に示すような，抵抗と電源の回路を考える．スイッチをオンすることにより，図 (e) の実線のように断続して電流が流れる．ところが，図 (b) のように抵抗に直列にイ

[†] 周波数が一定の場合，リアクタンスの単位は Ω なので，リアクタンスで考えたほうが取り扱いやすい．そのため，電力系統などで用いる大型のインダクタンスは，慣例的にリアクトルとよばれている．インバータの場合，さまざまな周波数に対応するインダクタンスとして取り扱うので，インダクタとよぶほうがふさわしいと思う．

ンダクタンスを入れると，スイッチオンするとRLの過渡現象により，ゆっくり電圧が上昇する．一方，スイッチをオフした瞬間に図(d)に示すように抵抗の両端の電圧がE以上に急激に上昇する．これは，電流が流れている間にインダクタンスに蓄積された磁気エネルギー

$$U = \frac{1}{2}LI^2$$

により発生する起電力である．これをインダクタンスの逆起電力とよぶ．電圧が上昇するので昇圧作用とよぶこともある．エネルギー保存の法則により，インダクタンスに流れた電流によって蓄積されたエネルギーが，電圧の形で現れるのである．このような高電圧が瞬間的に抵抗の両端にかかれば，抵抗は絶縁

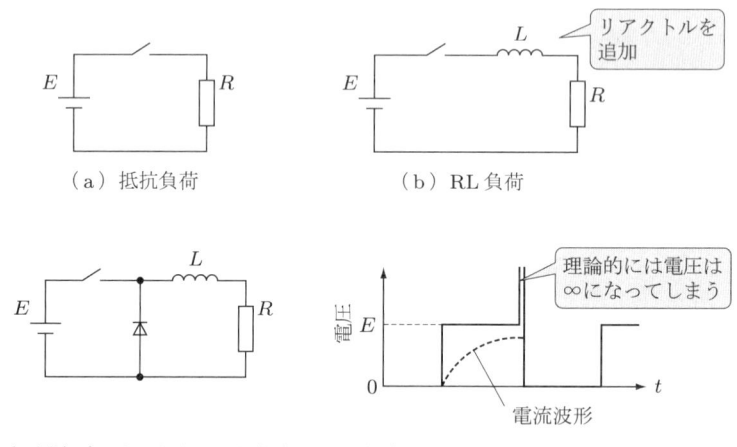

（a）抵抗負荷

（b）RL負荷

（c）環流ダイオードを入れた場合

（d）Rの両端の電圧波形（(b)の回路）

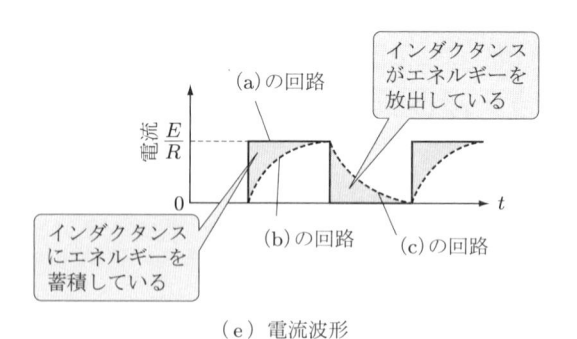

（e）電流波形

図4.9　インダクタンスの過渡現象

破壊してしまうかもしれない．そこで，図(c)に示すようにダイオードを挿入する．すると，スイッチオフの瞬間に発生する起電力が電源となって，図(e)の点線で示すような電流が流れる．図1.5に示した降圧チョッパ回路の原理は，RL回路の過渡現象である．

電流がゆっくり立ち上がるのは，その間にインダクタンスにエネルギーを蓄積しているからである．スイッチをオフしても電流が瞬時にゼロにならないのは，インダクタンスに蓄積したエネルギーを放出するからである．これがインダクタンスの作用であり，リアクトルはこの作用を利用するための回路素子である．

4.2.2 リアクトルの理論

リアクトルは，鉄心にコイルを巻けば実現する．極端にいうと，空気中でコイルを巻けば空心コイルとなり，リアクトルになる．リアクトルは，一般にはインダクタンスを得るための非常に単純な回路素子と考えられている．しかし，設計的には交流リアクトルと直流リアクトルに大別され，また，構造的には鉄心にギャップを入れて特性を調整している．すなわち，技術的にはそれほど単純な素子ではない．

リアクトルの特性を，図4.10(a)に示す環状の鉄心と巻数Nの巻線で説明する．この鉄心にはギャップ（空隙）がない．いま，このリアクトルのインダクタンスをL [H]とする．このリアクトルが，図4.11のような磁化曲線をもつとする．このときリアクトルに蓄えられる磁気エネルギーW_mは，磁化曲線を直線とすれば，次のように表される．

$$W_m = \int_0^{N\phi} i d(N\phi) \approx \frac{1}{2} N\phi i \ [\text{J}]$$

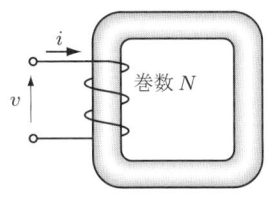

(a) ギャップがない場合 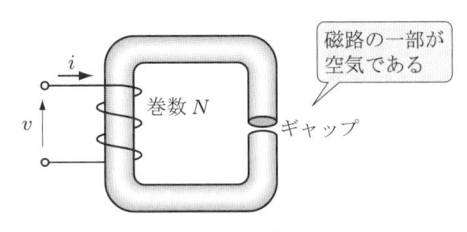　　(b) ギャップがある場合

図4.10　リアクトルの基本構成

4章 インバータの主回路素子

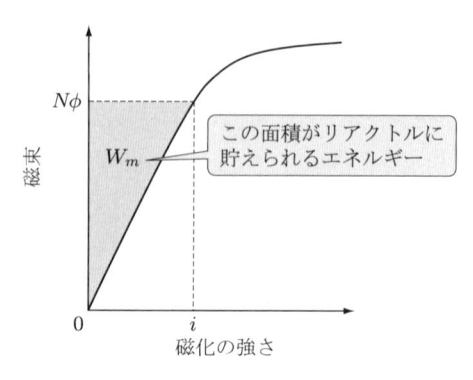

図 4.11 リアクトルの電磁エネルギー

つまり，磁気エネルギーは図 4.11 の斜線部分を三角形と仮定した面積である．総磁束数は $N\phi = Li$ なので，磁気エネルギーは

$$W_m = \frac{1}{2}Li^2$$

と表すことができる．リアクトルに流れる電流が交流電流で，$i = \sqrt{2}\,I\sin\omega t$ と表されるとする．このときリアクトルに蓄えられる磁気エネルギーは，次のように表される．

$$W_m = \frac{1}{2}L(\sqrt{2}\,I\sin\omega t)^2 = \frac{1}{2}LI^2(1-\cos 2\omega t)$$

リアクトルに蓄えられる磁気エネルギーは，時間的には一定値ではなく，電流の周波数の 2 倍で脈動している．磁気エネルギーの平均値 W_{mav} が，

$$W_{mav} = \frac{1}{2}LI^2$$

として表されているのである．

　一方，リアクトルの容量 P は，リアクトルの電圧と電流の積で表される．

$$P = V \cdot I = \omega LI^2 \,[\mathrm{VA}]$$

つまり，リアクトルの容量とは，リアクトルに蓄えられるエネルギーの平均値の 2ω 倍になる．

　次に，図 4.10(b) に示したように鉄心にギャップを設けた場合について説明する．鉄心にギャップを設けると，ギャップ部の透磁率が低いため，磁気回路全体としての磁気抵抗は大きくなる．すなわち，同一電流では磁束が少なくな

るので，インダクタンスが低下する．図4.12で鉄心にギャップがない場合の磁化曲線を①とすると，鉄心にギャップを設けると②のような磁化曲線になる．磁化曲線の傾きが小さくなったことは，インダクタンスが低下したことを示している．

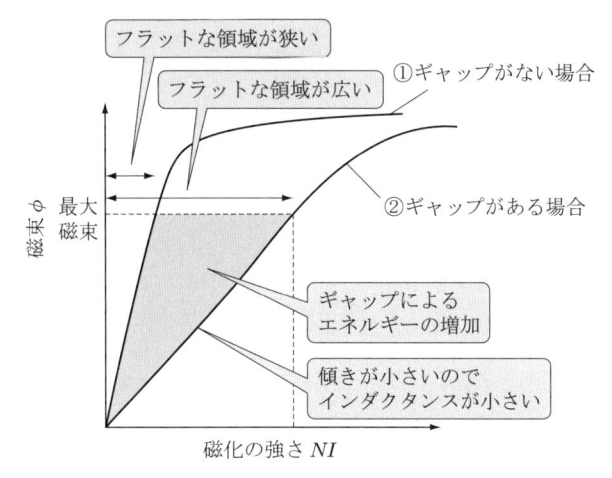

図4.12 ギャップ入りリアクトルの磁化曲線

鉄心の許容磁束密度は鉄心材質で決まる．つまり，ギャップの有無にかかわらず飽和磁束密度はほぼ同一である．したがって，ギャップにより，同一の磁束でも蓄えられる磁気エネルギーが増加することになる．エネルギーの増加分を図4.12の網かけ部で示している．すなわち，ギャップによりリアクトルの容量が増加する．リアクトルの寸法を小さくするために，ギャップ付き鉄心のリアクトルが用いられるのである．

ギャップを設けるもう一つの理由は，磁気特性の線形化である．図4.12で，②の曲線は直線の領域が広い．これは，透磁率†が広い範囲で一定であることを示している．このことは，回路的には，電流値が変わってもインダクタンスが一定であることを表している．インダクタンスが一定であれば，ステップ状に電圧が印加されたときに電流が直線的に上昇する．一方，①の場合，低い電流で磁気飽和領域に到達する．磁気飽和するとインダクタンスが小さくなるので，電流が急激に上昇する可能性がある．リアクトルは，磁路にギャップを設

---

† 透磁率は $\mu = \Delta B / \Delta H$ なので，磁化曲線が直線の場合のみ一定値になる．

けることにより飽和しにくくなるのである．

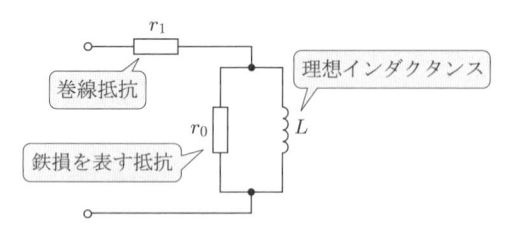

4.2.3 リアクトルの等価回路

リアクトルの等価回路を図4.13に示す．ここで，r_1は巻線の抵抗，r_0は鉄損を表す抵抗，Lはインダクタンスである．リアクトルの場合，漏れインダクタンスは小さいと考えて，等価回路に含まないのが一般的である．ギャップが極端に大きい場合などは，r_1に直列に漏れインダクタンスを入れる．

図4.13 リアクトルの等価回路

この等価回路より，リアクトルの容量$P\,[\mathrm{VA}]$を求めると，次のようになる．

$$P = \frac{V^2}{\sqrt{\{r_1 - (j\omega L)^2/r_0\}^2 + (j\omega L)^2}}$$

この式は分母にLを有する．この式からも，ギャップを設けてインダクタンスLが小さくなると容量が増加することがわかる．

リアクトルでは，鉄損と銅損が発生する．一般的には，電気機器は鉄損と銅損を等しくするのがバランスのよい設計だといわれている．しかし，リアクトルの場合，損失以外にも磁気飽和，周波数特性などを考慮して設計されている．

4.2.4 直流リアクトル

これまでは，交流回路でリアクトルを使う場合について説明した．ここでは，直流回路でリアクトルを使う場合について説明する．直流回路で用いるリアクトルを直流リアクトルとよぶ．

インバータの直流回路にリアクトルを挿入する場合，リアクトルには，直流電流に交流電流のリップルが重畳されて流れることになる．図4.14に，交流リアクトルを流れる電流と，直流リアクトルを流れる電流を示す．図からわかるように，直流リアクトルを流れる電流は，スイッチングによるリップルが

4.2 リアクトル

（a）交流リアクトルの電流　　（b）直流リアクトルの電流

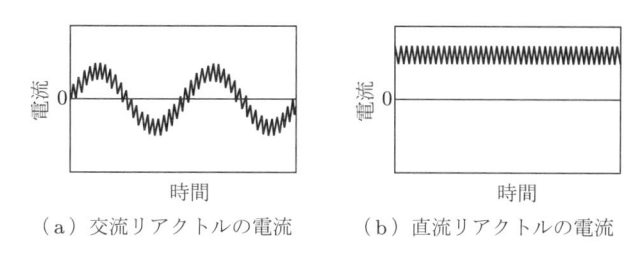

図4.14　リアクトルの電流波形

直流電流に重畳している．

直流リアクトルの磁化の様子を図4.15に示す．直流電流による磁化の強さを H_{DC} [AT] とする．リップル分（交流分）の磁化の振幅を H_a とする．このとき，合成磁化力 h は，

$$h = H_{DC} + H_a \sin \omega t$$

となり，リアクトルの動作点は点 a と点 b の間を交流周波数で移動する．このとき，磁化曲線の軌跡は点 a と点 b の間で小さなループを描く．このようなループをマイナーループとよぶ．直流リアクトルは，このマイナーループの線上で動作している．したがって，動作中の透磁率は点 a，b 間の傾きにより，

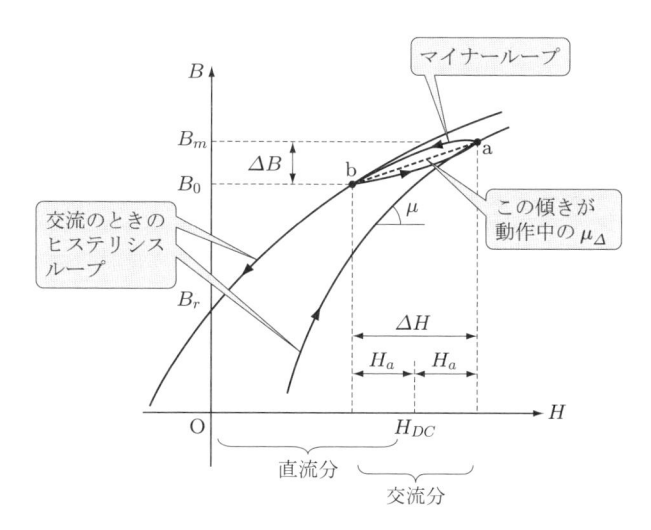

図4.15　直流リアクトルの動作

$$\mu_\Delta = \frac{\Delta B}{\Delta H}$$

となる．リアクトルを交流で使うよりも，実効的な透磁率は低くなる．すなわち，直流動作ではインダクタンスは小さくなるのである．

　直流リアクトルは，直流電流の広い範囲においてインダクタンスが一定であるのが望ましい．そのためにはギャップを大きくすることが必要である．しかし，ギャップが大きいと，漏れインダクタンスが無視できなくなる．このような点から，直流リアクトルの具体的な設計にはノウハウが多いといわれている．

　リアクトルは一般的な汎用パーツとして市販されていない．インバータ用のリアクトルは，それぞれ仕様に基づいて個別に設計製作されたものである．リアクトルの仕様決定は，インバータを設計するうえで鍵となる技術の一つである．

4.3 コンデンサ

　インバータの直流回路には，大容量の平滑コンデンサを使用する．コンデンサ[†]は，直流電圧のリップルを平滑する機能をもっている．さらに，コンデンサを流れる電流はインバータのスイッチングと同期したパルス状の電流である．そのため，市販のコンデンサを用いる場合でも，その選定は注意深く行う必要がある．

4.3.1 コンデンサの原理と種類

　コンデンサは，電極間の誘電体に電圧を印加すると，電荷が蓄積される現象を用いている．

$$Q = CV$$

ここで，Q は電荷 [C]，C は静電容量 [F]，V は電極間の電圧 [V] である．静電容量（capacitance）は，構造的には次の式で表される．

$$C = \frac{4\pi\varepsilon S}{d}$$

ここで，S は電極の面積 [m^2]，d は電極間の距離 [m]，ε は誘電率である．

[†] capacitor；英語では condenser は凝縮器を指す．

4.3 コンデンサ

静電容量は，電極の面積が大きく，電極間の距離が小さいほど大きい．しかし，電極間には

$$E = \frac{V}{d} \, [\text{V/m}]$$

の電界がかかっている．そのため，電極間距離 d を小さくすることは絶縁破壊強度から限界がある．そのため，通常は電極面積 S を大きくしてコンデンサを実現する．

インバータの平滑コンデンサとして，アルミニウム電解コンデンサがよく使われる．アルミニウム電解コンデンサは，電極のアルミニウムをエッチングにより微細な穴を空けて，電極面積を増加させる．増加した電極表面を酸化処理することにより，アルミナ（Al_2O_3）の皮膜を形成する．アルミナがコンデンサとしての誘電体となる．この様子を図 4.16 に示す．これを陽極とする．もう一方の電極との間に導電性の液体（電解液）を充填すれば，電解液が陰極となる．このように，コンデンサ素子の二つの電極の構成が異なる．そのため，電解コンデンサには極性がある．なお，無極性の電解コンデンサは，両極とも酸化電極を使用している．

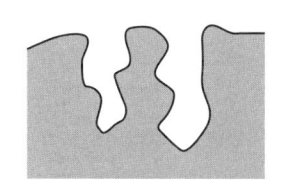

（a）エッチングにより面積を増やす　（b）誘電体を形成してコンデンサにする

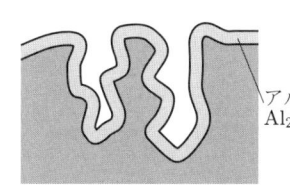

図 4.16　電解コンデンサの製造法

コンデンサは，電解型のほか，積層型，電気二重層型，フィルム型など，構造的に大きく分類される．さらに細かく，用いている誘電体の種類でもよばれる．たとえば，プラスチックフィルムを誘電体に用いたフィルムコンデンサは，ポリプロピレン（PP）コンデンサ，マイラ（ポリエステル）コンデンサなどのようによばれる．

表 4.2 に，インバータで用いられることの多い各種コンデンサの一覧を示す．いずれのコンデンサも，数 μm 以下の厚さの誘電体を巻きまわしたり積層

したりして，電極面積を大きくしている．コンデンサは，静電容量のほかに耐圧，寿命などの点を考慮して，用途に応じて選定する必要がある．

表 4.2　各種のコンデンサ

	セラミック	アルミ電解	フィルム	タンタル	電気二重層
誘電体	チタン酸バリウムなど	アルミナ	ポリエステルポリプロピレンなど	五酸化タンタル	使用しない（有機系または水の電解液）
比誘電率 ε_r	500〜2000	7〜10	2〜3	20〜25	
静電容量 [μF]	10^{-6}〜250	0.1〜10^6	10^{-3}〜10	10^{-3}〜10^3	10^7（10 F）
電圧（DC）[V]	〜630	〜850	〜8000	〜100	3
極性	無	有	無	有	有
特徴	低容量低損失サージ吸収	大容量短寿命	低損失サージ吸収寸法が大きい	大容量長寿命低電圧	低電圧長寿命

比誘電率 ε_r は真空の誘電率 ε_0 に対する比率．誘電率 ε は $\varepsilon = \varepsilon_0 \varepsilon_r$ である．

4.3.2　コンデンサの基本特性

　ここでは，平滑コンデンサに使われるアルミニウム電解コンデンサの特性を中心に述べる．アルミ電解コンデンサの等価回路を図 4.17 に示す．図において R は，等価直列抵抗（ESR；equivalent series resistance）とよばれる．L はリード線などによるインダクタンス，C は理想コンデンサである．等価直列抵抗（ESR）は，電解液の抵抗分，接触抵抗などからなる．そのため，ESR は，図 4.18 に示すように周波数により変化する．ただし，ある周波数以上ではほぼ一定になる．また，電解液の化学反応に関係するため，温度が上がると ESR は小さくなる．

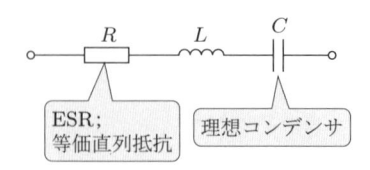

図 4.17　コンデンサの等価回路

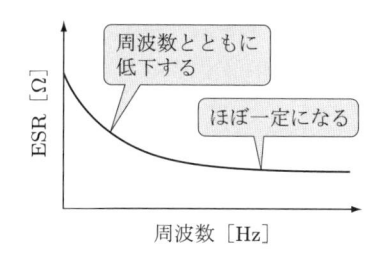

図4.18 等価直列抵抗（ESR）の周波数特性

コンデンサの損失は，$\tan\delta$（損失角の正接；dissipation factor）で表される．

$$\tan\delta = \frac{(ESR)}{1/(\omega C)} = \omega C(ESR)$$

ESRが大きいほど$\tan\delta$は大きく，すなわち，損失が大きいことになる．

この等価回路を用いると，コンデンサのインピーダンスは次のように表される．

$$Z = \sqrt{(ESR)^2 + \left(\omega L - \frac{1}{\omega C}\right)^2}$$

この等価回路のインピーダンスは，周波数により図4.19のように変化する．低周波では容量性で，周波数に対して右下がりになり，高周波では誘導性となり，周波数に対して右上がりになる．容量性と誘導性の交点が共振周波数である．このとき，$Z = ESR$となる．一般のセラミックコンデンサやフィルムコ

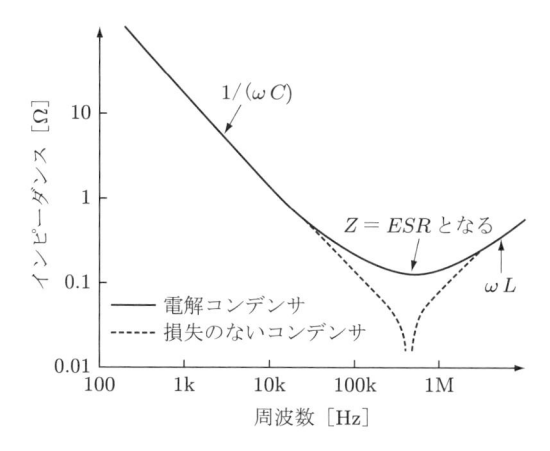

図4.19 コンデンサのインピーダンスの周波数特性

4章　インバータの主回路素子

ンデンサは ESR が小さいので，共振周波数ではインピーダンスがほとんどゼロである．電解コンデンサは ESR が大きいため，共振周波数のインピーダンスは ESR の大きさになる．

コンデンサは，電圧を印加すると内部に常時微小な電流が流れる．これを漏れ電流という．漏れ電流は内部のアルミ酸化皮膜を修復する作用がある．長時間コンデンサを通電しないとコンデンサが故障することがあるが，電圧がかからないとこの自己修復作用が得られないからである．化学反応に関係するため，漏れ電流の値は温度，および時間経過で大きく異なる．そのため，漏れ電流は温度が 20℃ で電圧を印加してから数分後の値を規格値として使っている．

4.3.3　コンデンサのリップル電流と寿命

平滑回路に用いるコンデンサは，商用周波数の交流電流を整流したものが入力され，インバータのスイッチングによるパルス電流を出力する．したがって，コンデンサの電圧は直流電圧でも，入出力電流は交流である．平滑コンデンサには，つねに交流電流が流れている．この交流電流をリップル電流とよぶ．リップル電流により，次のように電力を消費し，発熱する．

$$W = I_R^2 (ESR)$$

ここで，W は内部で消費される電力，I_R はリップル電流，ESR は抵抗分である．

そのため，コンデンサには許容できる定格リップル電流が規定されている．一般に，リップル電流は上限温度[†1]における 120 Hz の電流に対して規定される．なぜなら，図 4.18 に示したように，周波数が低いほど ESR は大きく，したがって，整流入力の商用周波数に対応するリップル電流による発熱の影響が大きいと考えられるからである[†2]．

コンデンサは，一般には規定されているリップル電流以下で使用する．定格以上のリップル電流による温度上昇は，コンデンサの寿命を低下させる．定格リップル電流から許容リップル電流を求めるには，動作周波数への補正が必要である．それぞれのコンデンサのデータシートには，ESR の周波数特性に対応した許容リップル電流の周波数補正係数が公表されている．これを用いると，リップル電流による温度上昇を次のように求めることができる．

[†1] 85℃，105℃ などの上限温度がある．
[†2] 60 Hz の単相全波整流回路を想定している．ただし，スイッチング電源用コンデンサでは，各周波数成分が重畳しているので実効値で検討する．

4.3 コンデンサ

$$\Delta T = \left(\frac{I_x}{I_0}\right)^2 \Delta T_0$$

ここで，ΔT：リップル電流による温度上昇，I_0：周波数補正された定格リップル電流，I_x：使用時のリップル電流，ΔT_0：定格リップル電流での温度上昇，である．

ΔTは素子中心部の温度を示していると考えられるので，素子は$T+\Delta T$まで温度が上昇している．周囲温度との差を表すΔTにも許容値があるので，データシートを参照することが必要である．

電解コンデンサは，時間とともに特性が変化していく性質がある．静電容量，$\tan\delta$，漏れ電流はいずれも変化する．すなわち，特性が徐々に変化する磨耗故障部品の性質がある（6.3節参照）．そのため，電解コンデンサの寿命は，周囲温度およびリップル電流の状況に大きく影響される．

電解コンデンサの特性変化は，化学反応により進展するものである．化学反応の速度と温度の関係は，次のアレニウスの法則に従うといわれている．

$$k = -Ae^{-E/(RT)}$$

ここで，K：反応速度定数，A：係数，E：活性化エネルギー，R：気体定数，T：絶対温度，である．

アレニウスの法則の式を近似すると，次のような寿命推定の式が導かれる．

$$L_x = L_0 2^{(T_0-T_x)/10}$$

ここで，L_x：推定寿命，L_0：上限温度（T_0）で定格リップル電流を流したときの規定寿命，T_x：使用時の温度，である．

この式は10℃半減則といわれており，温度が10℃上昇するごとに推定寿命が半減することを示している．85℃定格のコンデンサの規定寿命が2000時間のとき，75℃で使用すれば4000時間，65℃なら8000時間というように考えることができる．

なお，リップル電流による発熱は，5℃半減則にのっとるといわれている．リップル電流による自己発熱を考慮すると，寿命の式は次のようになる．

$$L_x = L_0 \cdot 2^{(T_0-T_x)/10} \cdot 2^{(\Delta T_0-\Delta T)/5}$$

温度上昇はコンデンサの形状による影響もある．これまで述べてきた計算式は，ねじ端子型を前提として行っていることに注意を要する．

なお，コンデンサは充電初期に突入電流が流れてしまう．通常使用時の10倍から100倍の電流が瞬時に流れる．これについては，電流が流れるのが短

時間であり，コンデンサの温度上昇や寿命への影響は少ないと考えてよい．突入電流については，次節で詳しく述べる．

4.4 抵 抗

インバータの主回路では，比較的電力定格の大きい抵抗を用いる．ここでは，抵抗の用途と電力用抵抗の概要を述べる．

4.4.1 インバータでの抵抗の用途

コンデンサ入力型の整流回路では，電源を入力した瞬間に定格電流の10～100倍の電流が流れる．これを突入電流という．図4.20に，突入電流の経路を示す．コンデンサの内部に電荷が蓄積されていないとすると，スイッチオンの瞬間に次のような電流が流れる．

$$I = \frac{V}{R_s} e^{-t/(CR_s)}$$

ここで，R_sは交流電源の内部インピーダンス（内部抵抗）である．通常，非常に小さい．ダイオードは，オンした瞬間は浮遊容量で導通状態となってしまう．電流が流れ始めると，やがて順方向の抵抗成分が立ち上がる．そのため，オンの瞬間はほぼ短絡状態でコンデンサを充電する．充電に従い，電流は急激に減少する．通常は電源周期の数サイクル以下で突入電流は流れなくなる．図4.21に突入電流の波形を示す．突入電流はブレーカの遮断動作，ヒューズの溶断，スイッチの接点溶着などの原因となり，また他の機器に対しても，瞬時電圧低下やサージを発生させるなどの影響を及ぼす．

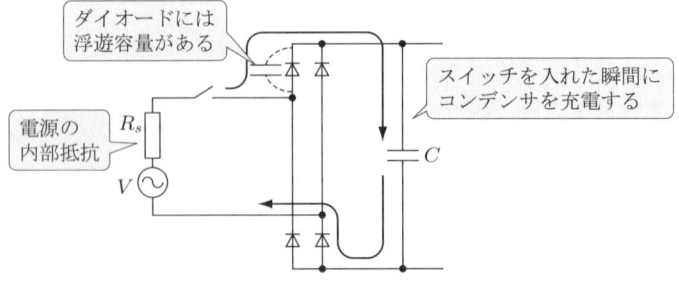

図4.20 突入電流の経路

4.4 抵 抗

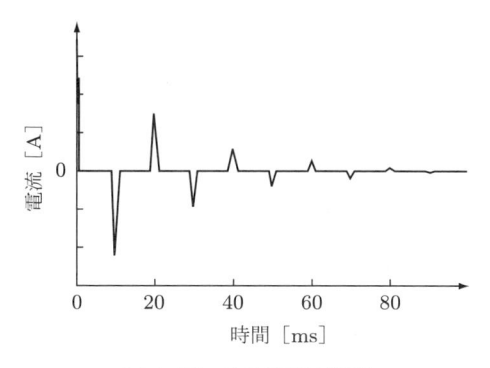

図4.21 突入電流の波形

　突入電流の防止のためには，回路に電流を制限する抵抗を挿入すればよい．しかし，抵抗が常時挿入されていると電力損失が発生する．そこで，図4.22に示すような回路を用いることが多い．電源をオンする際にはスイッチSを開いておく．突入電流は，抵抗を介してコンデンサを充電する．このときの電流経路は①となる．抵抗により突入電流が制限される．一定時間経過後，スイッチを短絡すれば，電流は②のように流れて，抵抗により電力消費することなく運転が可能である．

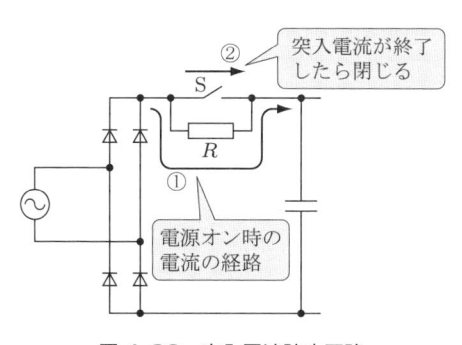

図4.22 突入電流防止回路

　突入電流防止抵抗は，瞬時であるが大電流，高電圧がかかる．そのため，平均電力でなくピーク電力からの選定が必要である．なお，スイッチには機械式スイッチも用いられるが，サイリスタを用いてオンオフすることも可能である．突入電流は交流電源の投入位相により大きさが変化する．そのため，突入防止抵抗の効果を見るには，少なくとも5回程度の測定が必要である．

4章 インバータの主回路素子

　平滑コンデンサは，インバータの直流回路電圧で充電されている．インバータの使用が終了すると，コンデンサの端子は開放状態になる．停止中にもコンデンサに蓄積された電荷は，そのまま蓄電された状態になる．そのため，コンデンサの電荷を放電させる必要があり，コンデンサと並列にブリーダ抵抗 (bleeder resistance；放電抵抗ともいう) が接続される．ブリーダ抵抗には運転中も常時電流が流れ，電源遮断後も電流を流し続けてコンデンサを放電する (図 4.23)．

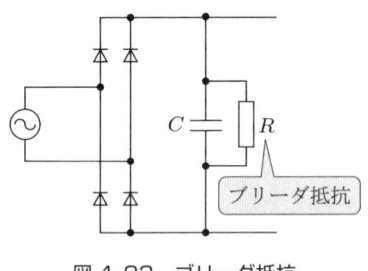

図 4.23　ブリーダ抵抗

　ブリーダ抵抗は，次に示すように消費電力が小さいので，常時接続されることが多い．

　いま，300 V の直流回路に 1000 μF のコンデンサが接続され，100 kΩ のブリーダ抵抗が並列接続されているとする．このとき，時定数 $1/(CR)$ で電圧は減衰するので，

$$CR = 1000 \times 10^{-6} \times 100 \times 10^{3} = 100 \, [\text{s}]$$

となる．100 秒で 63% まで電圧が低下するので，直流電圧は 111 V になる．このように，経過時間と電圧から抵抗値が決定できる．

　定常時の消費電力は，

$$W = \frac{V^2}{R} = \frac{300^2}{10^5} \approx 1$$

となり，約 1 W 消費する．これは，数 kW のインバータではほぼ問題にならない消費電力であると考えられる．なお，用途によっては問題になる場合もあるので，消費電力と減衰時間から抵抗値を選定する必要がある．

　インバータには，このほかに回生電力を吸収するための回生抵抗や，スナバ抵抗が用いられる．さらに，ワット数は小さいが，電流検出用の抵抗も主回路

に用いられる．電流検出の抵抗はシャント抵抗（shunt resistor）とよばれる[†1]．抵抗値は数 mΩ であるが，高電圧回路に配置されるため，絶縁および耐電圧性能が必要である．また，主回路電圧は抵抗により分圧され，検出される．インバータの主回路に用いられる各種抵抗を，図 4.24 に示す．このように，さまざまな抵抗が用途に応じて使われている．

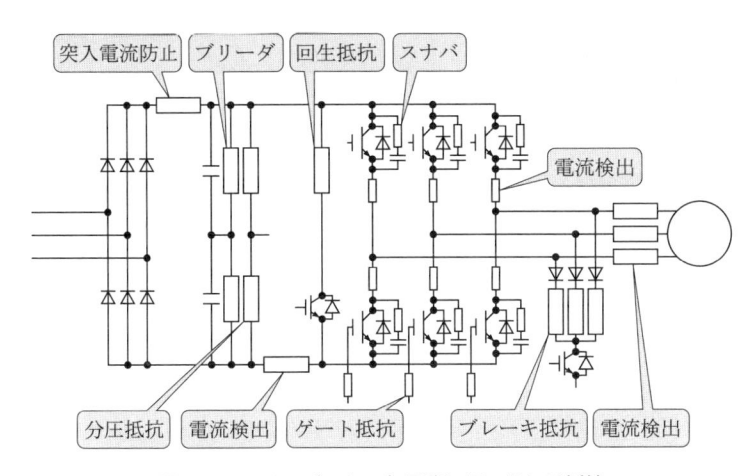

図 4.24 インバータの主回路に用いられる抵抗

4.4.2 抵抗素子

抵抗素子は，金属などの電気伝導度を調整して作られる．低周波，低電力であれば単純な抵抗値の素子として扱ってもかまわない．しかし，インバータの主回路では，定格電力と温度上昇を考える必要がある．さらに，用途によってはリード線によるインダクタンスも考慮しなくてはならない．

抵抗の定格電力とは，基本的に，その抵抗が焼損しない電力と考えたほうがよい．すなわち，定格電力で動作するときの温度がはっきりしていない．素子によっては，定格電力では赤熱するものもある[†2]．

抵抗体は基本的に金属なので，温度により抵抗値が変化する．抵抗体および周囲温度の変化に対して，温度係数は ppm/K で表される．精密抵抗器では 1 ppm/K 以下のものもあるが，カーボン抵抗は数 100 ppm/K 程度ある．た

[†1] 回路に直列に挿入される．
[†2] ヒータに使われるニクロム線も抵抗の一種である．

とえば，1000 ppm/K とは，温度が1℃変わると抵抗値が0.1%変化してしまうということである．温度係数は使用温度の上下限で求める必要がある．もともと抵抗値の精度（許容差）が0.02%〜20%まで各種あり，これに温度による抵抗値の変化が上乗せされることになる．

抵抗素子の温度上昇は，ジュール熱による発生熱と，抵抗素子から外部へ放熱する熱量から決まる．そのため，温度上昇曲線は抵抗器の形状によって異なる．一般に，電力定格の大きい抵抗は周囲の空気へ放熱するので，指数関数状に温度上昇する．固体伝熱で放熱するチップ抵抗などは，直線状に温度が上昇する．温度上昇曲線を図 4.25 に示す．定格電力での温度上昇が，固体伝熱方式では約 100℃ に対して，空冷方式では約 250℃ になる．これは温度上昇値であるから，これに周囲温度を加えたものが実際の抵抗体の温度である．

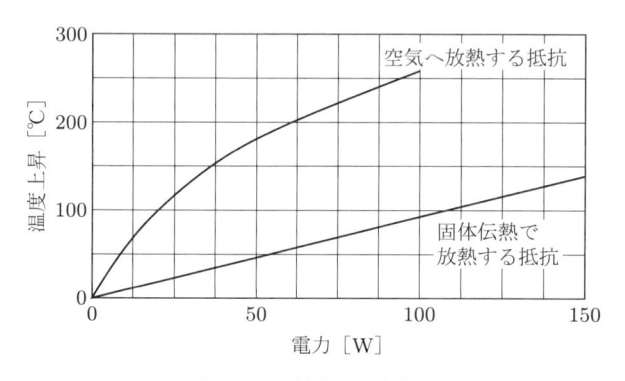

図 4.25 抵抗の温度上昇

設計に際して抵抗を選定するには，図 4.26 に示す負荷軽減曲線を用いる．ここに示した例では，周囲温度 70℃ 以上では負荷を徐々に低下させるようにしている．最高使用温度では負荷は 0 になるようにする．つまり，最高使用温度では使わないのである．負荷軽減曲線は抵抗の温度上昇曲線から決まるので，冷却の条件も考慮して考える必要がある．

このように負荷軽減曲線により負荷を低下させて，どのような消費電力が許容できるかがわかる．しかし，一般にはこのようなぎりぎりの使い方は行わない．ディレーティング（電力軽減）により，抵抗器の電力定格より低い値で使う．一般的には定格の 1/2 で使うといわれているが，筆者は定格の 1/4 で選定した経験がある．

4.4 抵 抗

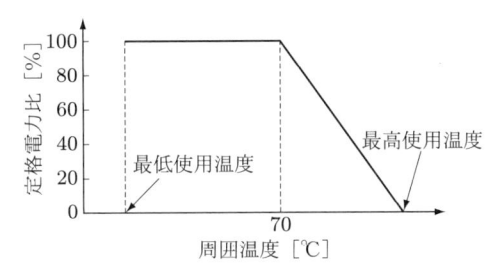

図 4.26 負荷軽減曲線

表 4.3 各種の抵抗

	名 称	特 徴	備 考
弱電用	金属皮膜抵抗	比較的高精度	俗にキンピとよばれる
	炭素皮膜抵抗（カーボン抵抗）	電子回路用一般抵抗　誤差5%	
	金属箔抵抗	金属のインゴットを圧延し造られる．きわめて高精度．温度係数も極端に低い	
電力用	巻線抵抗	抵抗体に金属線を用いて巻いたもの	
	ホーロー抵抗	巻線抵抗の保護のため周りにホーローを巻いたもの	自己発熱に対して耐熱性がある．数 W から数 100 W
	メタル・クラッド抵抗	巻線抵抗を絶縁し，金属に取り付けてある	放熱板に取り付けて大電力用に使用できる
	セメント抵抗	抵抗体をケース内におさめ，セメントにより封止したもの	
	酸化金属皮膜抵抗	セメント抵抗のうち，抵抗体に酸化金属皮膜を用いたもの．比較的大きな抵抗値	耐熱性良好．中電力（1～5 W 程度）俗にサンキンとよばれる
	水抵抗	純水に不純物を添加し，望みの抵抗値にする	超大電力

　インバータでは，抵抗器にパルス的な電流が流れることが多い．このような場合，発熱のみ考えて，電流または電圧の平均値で定格電力が決まると考えてはいけない．パルス電流の場合，尖頭電力（ピーク電力）は，定格電力の 5 倍

4章 インバータの主回路素子

以下にしなくてはならないといわれている．尖頭電力で抵抗内部の微少な部分が破壊する可能性があるからである．このように，単純と思われる抵抗器にはさまざまな技術要因がある．抵抗体の材質による分類を表4.3に示す．用途によって，これらの抵抗を使い分ける必要がある．

○─ インバータの電圧は2倍で考えること ─○

　本文では触れませんでしたが，配線用のワイヤやケーブルも性能に影響することがあります．その中でもインバータの出力ケーブルはパルスを伝送するので，伝送線路として考えることが必要です．パルスが伝送されると反射するということです．図4.27には，インバータの出力ケーブルを伝送線路として扱った場合を示しています．図(a)はインバータを送信側とした伝送線路です．この伝送線路はモータの端子に接続されています．モータの端子が伝送線路の受信側です．モータのインピーダンスは大きいので，受信端で回路は開放していると考えることができます．インバータがオンすると，パルスは図(b)のように進行波となり，電圧と電流が右に向かって進みます．

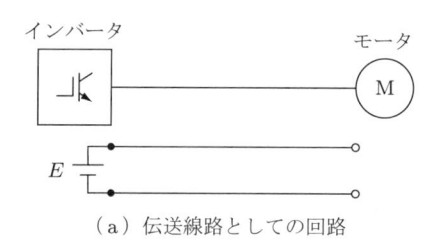

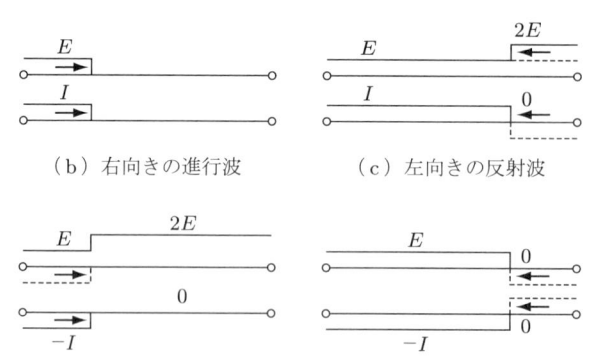

(a) 伝送線路としての回路

(b) 右向きの進行波

(c) 左向きの反射波

(d) 2回目の右向きの進行波

(e) 2回目の左向きの反射波

図4.27　ケーブルを伝播するパルス

モータの端子に到達した進行波はそこで反射し，左向きに進みます．このとき，電流は同じ大きさで向きが反対に流れますから，反射により伝送路の電流はゼロとなります．しかし，反射した電圧は同極性なので，左向き進行波が加わるため2倍の振幅になります．伝送線路の進行波は，電圧が$2E$になってインバータの出力端子に到達します．これを図(c)に示します．

　ここで起きる2回目の反射のときにインバータの出力電圧がEのままであれば，伝送線路の$2E$に対しては$-E$となります．したがって図(d)に示すように，$-E$の右向き進行波となります．電流も$-I$の電流が右向きに進行することになります．この進行波がさらにモータで反射すると，図(e)に示すように，電圧電流ともゼロになってしまいます．パルスはこれを繰り返すことになります．

　このように進行波として考えると，端子電圧はパルスの振幅の2倍あると考えないといけないことになります．実際にはごく短時間発生するだけです．このようなことを詳細に検討するためには，ケーブルのインピーダンスと長さを考慮しなくてはなりません．

5章 インバータのアナログ電子回路技術

インバータの基本はスイッチングである．スイッチングとはオンとオフの動作なので，インバータはディジタル回路として動作をしているように見える．しかし，インバータとディジタル回路の大きな違いは過渡現象にある．

ディジタル回路では，過渡現象が終了してからの定常状態の値を用いて0か1の信号としている．これに対してインバータのスイッチングでは，過渡現象が終了する前に次のスイッチングのタイミングが来てしまう．つまり，インバータの主回路はつねに過渡状態で動いている．したがって，主回路の動作を理解するためにはアナログ回路としての理解が必要となる．そこで，ここではまず，インバータのアナログ回路として，パワー半導体デバイスの駆動回路について説明する．さらに，主回路のスイッチングに伴って生じる現象について説明する．また，高電圧・大電流のアナログ量の検出方法についても述べる．

5.1 駆動回路

インバータを動作させるには，主回路のパワー半導体デバイスのオンオフ動作のための駆動回路が必要である．駆動回路は，主回路と制御回路の間にあり，インターフェイスの役割を果たす．駆動回路は次の三つの機能が必要とされる．

(1) 制御回路の信号を，パワー半導体デバイスの駆動に十分なレベルの電圧または電流に増幅する．
(2) オンするために立ち上がりの早い正の電圧または電流を出力し，オフするために出力を負の電圧または電流にする．
(3) 制御回路と主回路を絶縁する．

これらは，バイポーラトランジスタ，MOSFET，IGBTなど，パワー半導体デバイスの種類を問わず共通的に必要とされることである．

5.1.1 ドライブ条件とパワー半導体デバイスの特性

パワー半導体デバイスは，制御入力のオンオフに応じて動作する．しかし，制御端子へ入力する電圧・電流に応じて実際の動作は変化してしまう．そのため，駆動回路は，パワー半導体デバイスの動作に対してふさわしい電圧または電流を出力する必要がある．

駆動回路の出力する駆動波形の原理を，**図 5.1** に示す．図(a)は IGBT のゲート‐エミッタ間に印加されるゲート‐エミッタ間電圧 V_{GE} である．IGBT は，ゲートにプラスマイナスの電圧を印加されることによりオンオフする．オフ中もゲートには負のバイアス信号を入力している．IGBT は電圧で駆動する素子である．

図(b)は，バイポーラトランジスタのベース電流 I_B を示している．バイポーラトランジスタは，ベース端子に電流を流し込む（プラス）とオンし，ベース端子から電流を一気に引き出すと（マイナス）急激にオフする．バイポーラトランジスタは電流で駆動する素子である．

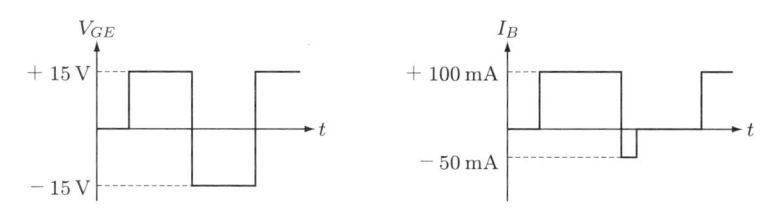

(a) IGBT のゲート‐エミッタ間電圧　(b) バイポーラトランジスタのベース電流

図 5.1　パワー素子の駆動波形

IGBT を例にして，ゲート信号が変化したときの特性の変化を**表 5.1** に示す．オン時の正のゲート電圧を増加させると，コレクタ‐エミッタ間電圧が低下するので，オン損失が低下する．さらに，立ち上がり時間（t_{on}）も短くなるので，素子の動作としては望ましい．しかし，ターンオンのときに発生するサージ電圧が増加し，それに伴いノイズの発生も増加する．また，短絡耐量[†]も低下するので，高くすればよいというものではない．しかし，この状態でもゲート電流を低下させれば，サージ，ノイズとも低下する．ただし，ゲート電流を低下させると，立ち上がり，立ち下がり時間とも長くなる．なお，ゲート

---

† IGBT の出力が短絡したときの素子破壊までの時間．通常は数 μs．6.1 節で後述する．

電流は，駆動回路とゲートの間に入れるゲート抵抗の値で調節する．このように，駆動回路の出力条件によりパワー半導体デバイスの動作が変化する．あちらを立てればこちらが立たずのようになるが，一般的には，メーカから公表される素子の推奨値が妥当な組み合わせになっていると考えてよい．

表 5.1 IGBT のドライブ条件と主要特性

主要特性	正のゲート電圧増加	負のゲート電圧増加	ゲート電流減少
コレクタ-エミッタ間電圧 V_{CEsat}	低下	–	–
オン時間	低下	–	増加
オフ時間	–	低下	増加
ターンオンサージ	増加	–	低下
ターンオフサージ	–	増加	低下
短絡耐量	低下	–	増加
放射ノイズ	増加	–	低下

網かけ部は好ましくない変化

5.1.2 駆動回路の原理

IGBT の駆動回路の原理図を図 5.2 に示す．制御回路から出力する 0～5 V のオンオフ信号を，フォトカプラで絶縁する．制御信号のオンオフに対応させて Q_1，Q_2 を交互に切り換える．Q_1，Q_2 のオンオフにより，IGBT のゲート端子に $+V_G$ または $-V_G$ のいずれかの電源を接続することになる．また，ゲー

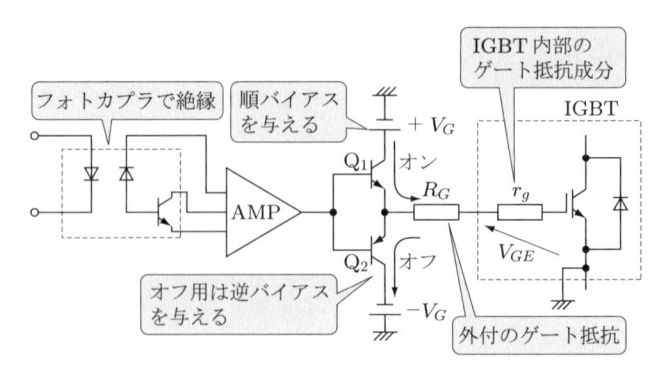

図 5.2 駆動回路の原理

ト電流を制限するためにゲート抵抗 R_G が入れられている．外部のゲート抵抗 R_G は，素子内部のゲート抵抗 r_g との合成で考える必要がある．なお，数 10 A 級の IGBT では，内部のゲート抵抗はほぼゼロと考えてもよい．

制御信号と駆動回路の電圧・電流の波形を図 5.3 に示す．IGBT はゲート－エミッタ間に静電容量がある．IGBT をオンさせるためには，静電容量にゲートから電荷を注入することが必要である．逆にオフさせるには，蓄積された電荷をゲートから放出させる必要がある．オン信号に応じてゲートに順方向の電源電圧 $+V_G$ を印加すると，静電容量の充電電荷量に対応するゲート電流が流れる．オフ時に逆バイアス電圧 $-V_G$ を印加すると，静電容量に蓄積された電荷に対応する電流が流れる．このように，オンまたはオフの期間だけ電流が流れるので，駆動に必要な電力は小さい．ゲート電流の平均値は，素子の入力の静電容量と，充放電の繰り返し回数（スイッチング周波数）で決まる．また，ゲート電流のピーク値は，次の式で近似して求めることができる．

$$I_{Gpeak} = \frac{+V_G + |-V_G|}{R_G + r_g}$$

ここで，$+V_G$：順方向電源電圧，$-V_G$：逆バイアス電源電圧，R_G：駆動回路のゲート抵抗（外部で接続），r_g：素子内部のゲート抵抗，である．

通常，ゲート抵抗は数 Ω 以上が使われるので，ゲート抵抗による電力消費も考える必要がある．

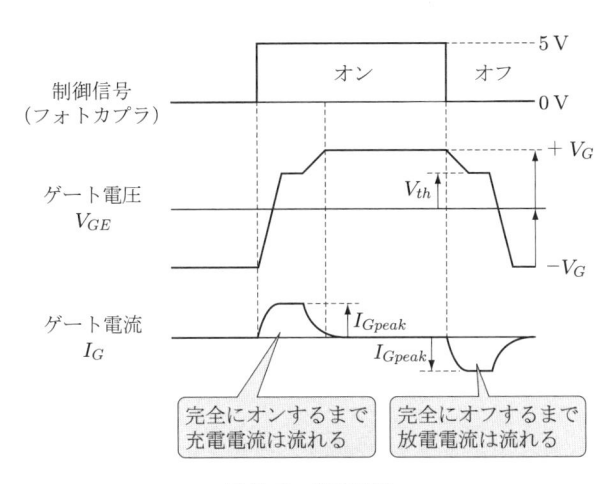

図 5.3 駆動波形

IGBTの駆動用のICも市販されている．また，駆動回路が内蔵されたIPM（intelligent power module）もある．これらを用いると，5VのTTL信号を入力するだけで半導体デバイスが駆動でき，さらに，装置の小型化も実現できる．

5.1.3 駆動回路の電源

インバータ回路では6個のアームが用いられる．6アームのうち，下アームの3個のIGBTのエミッタ端子は，直流回路の（-）側に接続されている．そのため，電源の（-）側が共通なので，一つの電源を3個のアームの駆動に用いることができる．ところが，上アームの3個のIGBTは，エミッタ端子がそれぞれモータの端子に接続されている．そのため，それぞれの電源の（-）側を共通にすることができない．各アームにそれぞれ電源が必要である．そこで，通常のインバータでは，駆動回路の電源は4組用いる．これを図5.4に示す．上アームの3個の電源は，それぞれに接続されたIGBTのエミッタの電位を（-）の基準電位としたフローティング電源になっている．また，それぞれの電源には正負の二つの電源が必要である．

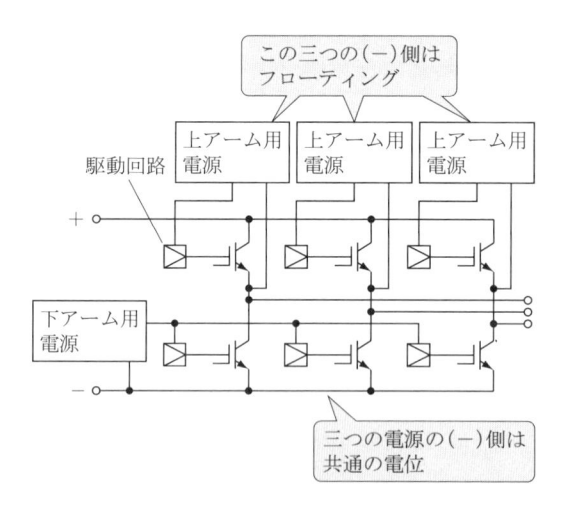

図5.4 駆動回路の電源

このように，多くの電源が必要であることは，小容量のインバータではコスト的な問題が大きい．そこで，低価格化のためにコンデンサを利用する．コン

デンサを用いる方法として，ブートストラップ方式と，単一電源方式について述べる．

ブートストラップ方式とは，図 5.5 に示す回路である．コンデンサ C_b を上アームの駆動電源にする回路である．下アームの IGBT がオンすると，主回路電流とは別に図の矢印のような経路の電流が流れ，C_b を充電する．コンデンサ C_b は，ゲート電源 V_G に相当する電圧で充電される．この電圧を上アームの駆動用の電源に用いるのである．これにより，上アームの電源を絶縁する必要がなくなる．この回路では，主回路電圧に相当する高電圧はダイオード D のみで分担するので，耐圧の問題も D のみ考えればよい．ただし，上下アームのデューティが極端に違う場合や，スイッチング周波数が低い場合には用いるのが難しい．

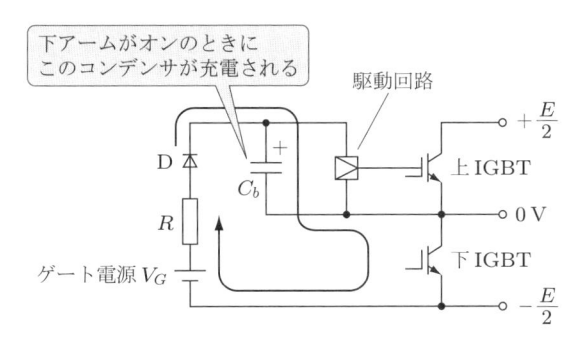

図 5.5 ブートストラップ方式

コンデンサによる単一電源方式を図 5.6 に示す．ツェナーダイオード ZD とコンデンサ C が，IGBT のエミッタに接続されている．この回路はオン時に Q_1 がスイッチングすることにより，図に矢印で示す経路にゲート電流が流れる．コンデンサ C はこの電流により，ツェナーダイオードのツェナー電圧まで充電される．オフ時には，Q_2 がオンするとこのコンデンサに充電された電荷が IGBT のエミッタに対して負の電源となる．これにより，プラスマイナス電源を単一電源に置き換えることができるので，電源の数が半減する．

駆動用電源についてのさまざまな工夫をした場合，パワー半導体デバイスの性能面ではやや劣ることが多い．しかし，費用対効果の考え方を取るような製品のインバータなどではよく用いられる．

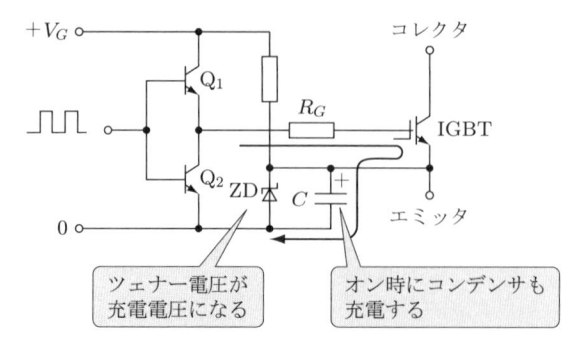

5章 インバータのアナログ電子回路技術

（ツェナー電圧が充電電圧になる）
（オン時にコンデンサも充電する）

図5.6 単一電源方式

5.2 実際のスイッチング

　インバータのスイッチングに用いるデバイスは理想スイッチではなく，動作に必ず遅れが生じている．いま，単相インバータを考える．図2.5に示した回路で矩形波の交流電力を発生させているとする．このとき，S_1，S_4のIGBTが同時にオフしたらすぐにS_2，S_3をオンさせる動作をしていることになる．

　実際のデバイスでは，オンとオフが瞬時に切り換わるのではなく動作時間が存在する．動作時間中は，オンとオフのいずれでもない中間の状態である．ある時間を経てからオンまたはオフに落ち着く．スイッチング動作の模式図を図5.7に示す．IGBTのゲート信号がオンを指令しても，実際にIGBTを流れる電流が立ち上がるまでに立ち上がり時間t_rがある．また，ゲート信号がオ

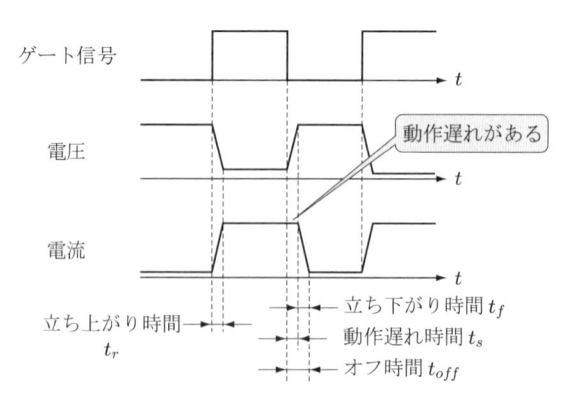

図5.7 スイッチング動作

立ち上がり時間 t_r
立ち下がり時間 t_f
動作遅れ時間 t_s
オフ時間 t_{off}
動作遅れがある

フになった場合には，まったく動作をしない動作遅れ時間 t_s と，中間状態の下降時間 t_f がある．これをあわせてオフ時間 t_{off} とよぶ．動作遅れ時間は，少数キャリアの消滅までの時間である．蓄積時間ともいう．モノポーラ型のMOSFET は，電子または正孔のみをキャリアとして用いるので，動作遅れ時間はない．

このように，オンオフの動作時間に遅れがあるために，上アームと下アームを同時にオンオフさせると，両アームともオンまたはオンに近い中間状態になり，短時間ではあるが短絡する．これをアーム短絡（short through）とよぶ．アーム短絡を防ぐために，デバイスのオフ動作時間より長い期間，オン信号を与えない時間を設ける．この時間をデッドタイム（dead time）とよぶ．オンディレイとよぶこともある．デッドタイム中は上下アームとも IGBT の信号はオフである．しかし，図5.8に示すように，デッドタイム中でもダイオードが導通するので，出力は直流電源に接続されてしまう．出力電流が正のときには下アームのダイオードが導通する．デッドタイムの影響を PWM 波形の1周期にわたってみると，図5.9のようになる．デッドタイムにより発生する電圧を基本波1周期の平均値で表すと，次の式になる．

$$e_{dd} = \pm \frac{E}{2} f_s t_d$$

ここで，e_{dd} はデッドタイムによる電圧誤差，E は直流電圧，f_s はスイッチン

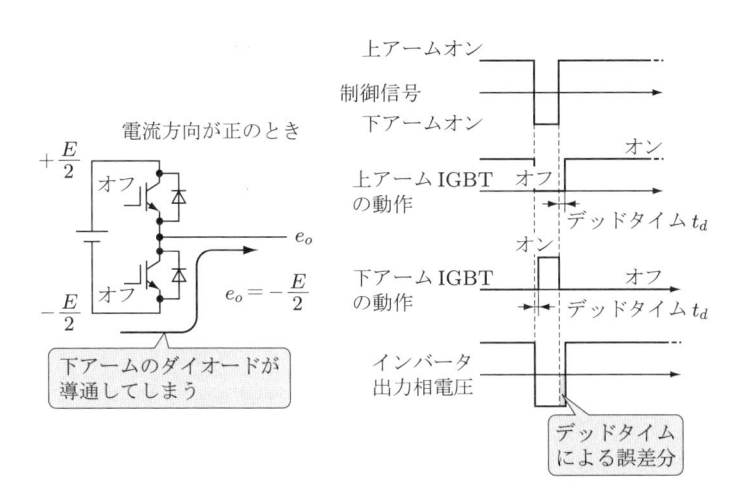

図5.8 デッドタイム中の動作

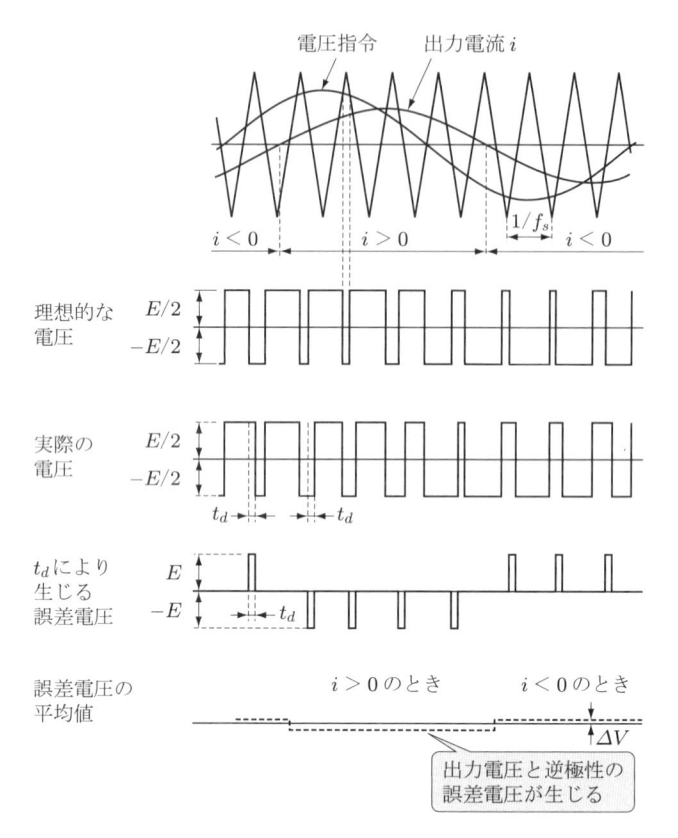

5章 インバータのアナログ電子回路技術

図5.9 デッドタイムによる誤差電圧

グ周波数，t_d はデッドタイムである．

　デッドタイムにより生じる電圧は，半周期の平均値は電流と逆方向の直流電圧である．つまり，その分だけインバータの出力電圧を低下させるので，出力電圧の誤差になる．デッドタイムはごく短時間であるが，スイッチング周波数が高いとスイッチング回数が多くなるので，出力電圧の低下に影響する．とくに，インバータの出力電圧が低いときには，デッドタイムによる誤差が相対的に大きくなる．スイッチングデバイスごとのデッドタイムの目安を**表5.2**に示す．デッドタイムによる電圧誤差を補償する制御方法については，9.4節で述べる．

表5.2 デッドタイム

デバイス	デッドタイムの目安 [μs]
バイポーラトランジスタ	10〜25
GTO	20〜50
IGBT	2〜6
MOSFET	0.5〜2

5.3 スイッチに発生する損失

インバータ回路で発生する損失には，主回路による損失と制御回路による損失がある．主回路で発生する損失を図5.10に示す．主回路損失には，オン損失とスイッチング損失がある．

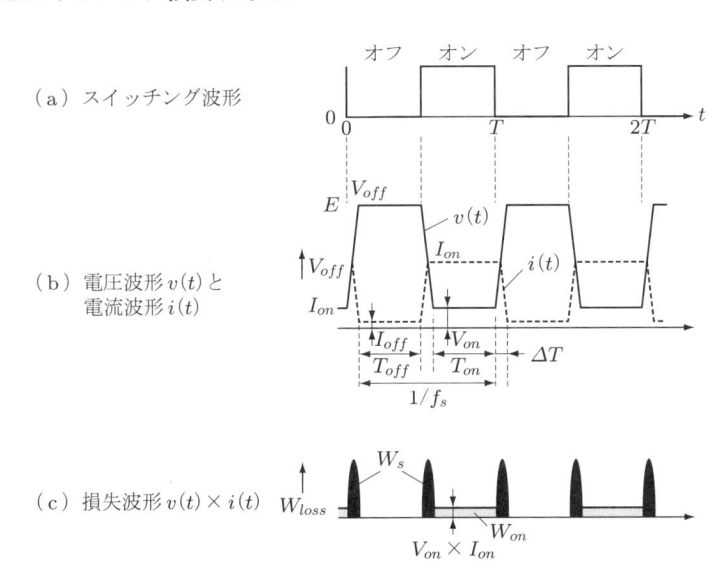

図5.10 主回路で発生する損失

オン損失は，スイッチ素子がオン（導通）する際の抵抗により発生するジュール熱である．スイッチ素子は理想スイッチではないので，オン時にも必ず抵抗がある．この抵抗分により電圧降下（オン電圧 V_{on}）が生じる．オン損失 W_{on}

は次のように表される．

$$W_{on} = V_{on} \cdot I_{on} \cdot T_{on} \cdot f_s \, [\text{W}]$$

ここで，I_{on} は導通時の電流，f_s はスイッチング周波数である．同様に，オフ時の漏れ電流 I_{off} による損失も考えられるが，通常，I_{off} は無視できるほど小さい．

スイッチ素子がオフからオンやオンからオフに切り換わる期間 $\varDelta T$ には，スイッチング損失が発生する．図(c)に示しているスイッチング損失 W_s は，次のように近似して表すことができる．

$$W_s = \frac{1}{6} V_{off} \cdot I_{on} \cdot \varDelta T \cdot 2 f_s \, [\text{W}]$$

$\varDelta T$ は通常，μs オーダの短い時間なので，1回のスイッチングで発生するスイッチング損失は小さい．しかし，スイッチング周波数が高くなるとスイッチングの回数が増えるので大きな値となる．

さらに，制御回路による損失も発生する．代表的なものは，スイッチング素子を駆動するために必要な駆動電力，および制御のための制御用コンピュータなどの消費電力である．いずれも小さな電力であるが，常時発生している．駆動するモータが低出力で運転されるような場合，制御回路の消費電力は，モータの駆動電力に対し無視できなくなる．すなわち，インバータの全入力からシステム効率を求めると，効率値に大きく影響する．そのため，インバータには省電力の制御回路や，駆動電力の少ないスイッチング素子が必要なのである．

5.4 回路のインダクタンスとスナバ

主回路がスイッチングすると，配線のインダクタンスによりサージ電圧が発生する．主回路の配線には，必ず分布インダクタンス L_s が存在する．短時間でターンオフ，ターンオンする高速スイッチングデバイスでは，電流の変化率 (di/dt) が非常に大きい．したがって，スイッチング時には，素子の両端に次のような電圧が現れる．

$$\varDelta V_{CE} = L_s \frac{di}{dt}$$

この電圧は電流の変化時のみに短時間だけ出現するので，サージ電圧となる．サージ電圧が大きいと素子が破壊してしまう．

5.4 回路のインダクタンスとスナバ

インダクタンスによりサージ電圧が発生する現象をさらに詳しく説明する。図5.11(a)に示すようなインバータレグを考える。直流電源 E から IGBT までの配線インダクタンスを L_s とする。いま、この回路で上アームの S_1 はオフのままとして、下アームの S_2 のみオンオフすると考える。図(b)は S_2 がターンオフしたときの波形である。IGBT のターンオフにより i が減少するので、その減少率 di/dt により、サージ電圧 ΔV_{CE2} が発生する。

また、図(c)はターンオン時の波形である。このときは上アームのダイオード D_1 に、逆回復電流（リカバリ電流）[†]が流れている間に i がピークとなり、その di/dt によりサージが発生する。これはおもに、IGBT に逆並列に接続されたフィードバックダイオードの特性が影響する。

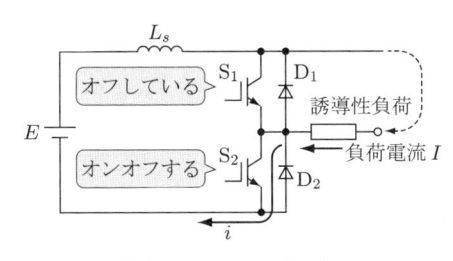

(a) スイッチング回路

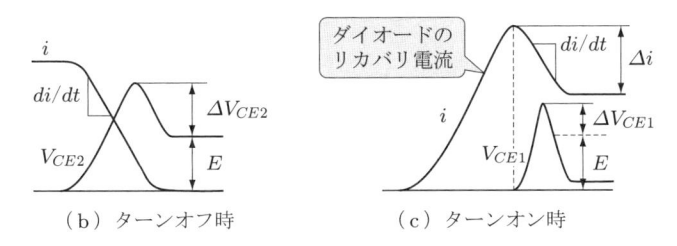

(b) ターンオフ時   (c) ターンオン時

図5.11　配線インダクタンスによるサージの発生

スイッチング時間を長くすれば、電流の変化をゆっくりさせることができる。したがって、di/dt は小さくなり、サージ電圧は低減できる。しかし、それではスイッチング損失を増加させることになる。サージ電圧を低減するためには、配線インダクタンスを小さくすることが必要である。配線インダクタンスを小

[†] ダイオードに逆極性が印加されても内部のキャリアが消滅するまでは逆方向の電流が流れる期間を、逆回復時間（t_{rr}; reverse recovery）という。

さくするには，インバータの構造や容量によって具体的な手法が異なる．共通する考え方は，配線の長さを短く，かつ正負の配線を近接させることである．

配線にあたっては，図5.12に斜線で示すように，プラスマイナスの配線の描く領域の面積を極力小さくするように配置する．これにより，正負の配線インダクタンスが磁気的に結合し，互いのインダクタンスを打ち消しあう．したがって，プラスマイナスの線をねじったツイステッドペア線を用いたり，ブスバー[†]を積層して用いたりして，正負の配線を極力近づける必要がある．

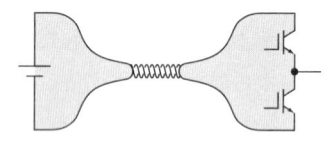

図5.12 ツイステッドペア

しかし，配線のインダクタンスはゼロにできないので，サージ電圧は必ず発生してしまう．そのため，サージ電圧を吸収するスナバ回路が用いられる．

スナバ回路の動作原理を，図5.13のRCスナバ回路により説明する．コンデンサCと抵抗Rの直列回路が，IGBTと並列に接続されている．IGBTがオンしていると，①で示すように負荷電流IはそのままIGBTに流れる．IGBTがオフされ，コレクタ電流i_cが減少すると，負荷電流Iは②で示すようにスナバ回路に流れ込み，スナバコンデンサCを充電する．そのため，

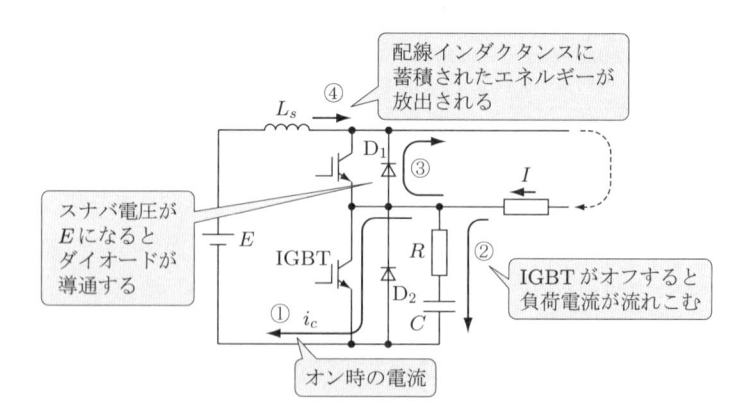

図5.13 RCスナバ回路の動作

[†] 銅の板や棒を導体として用いる．表面を絶縁塗装すればプラスマイナスの2極を積層できる．

5.4 回路のインダクタンスとスナバ

スナバ回路の電圧は上昇する．スナバ回路の電圧が電源電圧 E に到達すると，負荷電流 I は，③で示すように帰還ダイオードに流れ込む．同時に，配線インダクタンス L_s に蓄積されたエネルギーが，④に示すようにスナバコンデンサに流れ込む．このとき，スナバコンデンサの電圧は V_{Speak} まで充電される．

V_{Speak} は，次の式で示される．

$$V_{Speak} = \sqrt{\frac{L_s I^2 - W_{loss}}{C}} + E < \sqrt{\frac{L_s}{C}} I + E$$

ここで，W_{loss} はスナバ抵抗 R により発生する損失である．

この式は，C が大きければスナバコンデンサ電圧のピーク値 V_{Speak} が下がり，サージ電圧が低くなることを示している．さらに，C が大きいほどサージ電圧 ΔV_{CE1} が低くなるので，IGBT のターンオフ時スイッチング損失も低減する．

種々のスナバ回路を，図 5.14 に示す．図(a)〜(c)は，直流バスのプラスマイナス間のレグに入れるスナバである．数 kW 以下の小容量や，パワーモジュールの場合によく使われる．図(a)は，インダクタンスをキャンセルするために 0.1 μF 程度の高周波用コンデンサ（フィルムコンデンサなど）を付けたものである．コンデンサが高周波成分のサージを吸収する．図(a)のスナバでサージ電圧が振動的になる場合には，振動を吸収し減衰させるために，図(b)

(a) インダクタンスの
　　キャンセル
(b) RCスナバ
(c) RCDスナバ

(d) 素子ごとの
　　RCスナバ
(e) 素子ごとの
　　RCDスナバ
(f) クランプスナバ

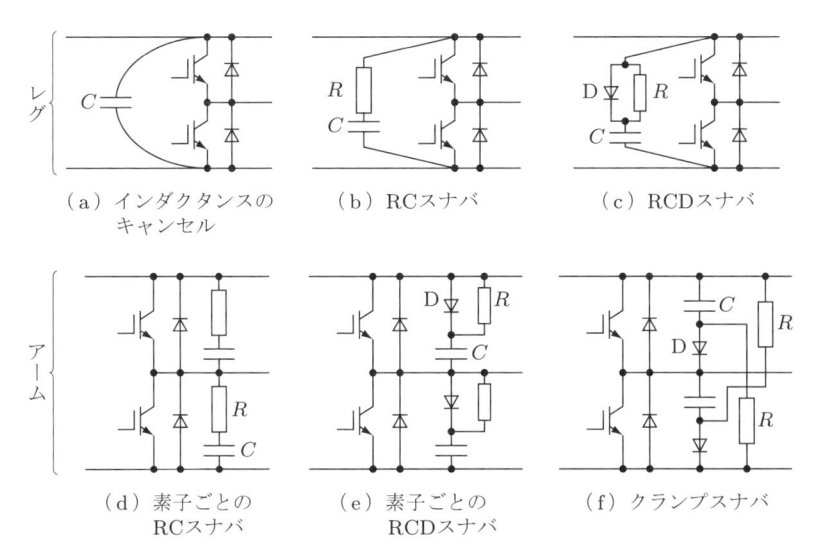

図 5.14　スナバ回路

のように制動抵抗を入れた RC スナバを用いる．図(b)では抵抗の両端に電圧が残るため，コンデンサに蓄えられた電荷がすべて放電しない．図(c)のような RCD スナバにすれば，コンデンサの電荷は抵抗を通して放電されるので，スナバとしての効果が大きくなる．大容量の場合，各アームに RC または RCD スナバを接続する．これを図(d)，(e)に示す．図(f)はクランプスナバといい，コンデンサの片方を電源に接続している．これによりコンデンサの電圧を 0 まで放電させることができる．このような電圧クランプ型回路を用いると，電源電圧以上になったときにスナバがはたらくので，スナバの効果は大きい．

RCD スナバ回路において，コンデンサ容量 C を L_s に蓄えられたエネルギーで充電すると仮定する．このとき，コンデンサ容量は

$$C = L_s \frac{I_{off}^2}{\Delta V_{CE}^2}$$

と表せる．R の抵抗値は，

$$R = \frac{1}{6} \cdot \frac{1}{C \times f_s} \ [\Omega]$$

抵抗の消費電力 P は，

$$P = L_s \times I_{off}^2 \times \frac{f_s}{6} \ [W]$$

となるといわれている[†]．

しかし，スナバ回路の効果は分布インダクタンスの影響を受けるので，設計時にすべて机上で計算することはできない．現実のサージ波形を見ながら，スナバ回路の定数を決定していく必要がある．なお，スナバ抵抗の消費電力が大きいと，抵抗からの発熱が問題になることがある．

5.5 センサ

インバータを制御するには入出力の電圧・電流を検出して制御する場合がある．ここでは，インバータの内部で使われる電圧・電流のセンサについて述べる．

[†] 大野榮一編著：パワーエレクトロニクス入門（改訂 4 版），オーム社（2006）を参照．

5.5.1 電流の検出

電流を検出するには，対象の回路に直列に電流検出用の抵抗を入れ，その両端の電圧から電流を検出する方法と，電流の周囲の磁界を検出して電流に換算する方法がある．

(1) 抵抗を用いる方法

測定すべき電流の流れている回路に，微小な抵抗を直列接続する．抵抗の両端に発生する電圧降下によって電流を知る方法である．このような抵抗を，シャント抵抗とよんでいる．

図5.15に示す例では，直流回路の（-）側に直列にシャント抵抗を挿入している．抵抗値が小さければ，電流に比例した低電圧の信号が得られる．しかし，信号のレベルは低くても，主回路と直接接続しているので信号を絶縁する必要がある．そのようなときには信号と制御回路の間に絶縁アンプを用いる．

この方法は安価であるため，家電用のインバータでよく使われている．信号は非絶縁で使う場合もある．測定電流が大きいと，シャント抵抗は抵抗値が小さく，かつ電力定格の大きいものが必要になる．また，スイッチング波形を検出するような場合，インダクタンスの小さい抵抗（無誘導抵抗とよばれる）を使用する必要がある．

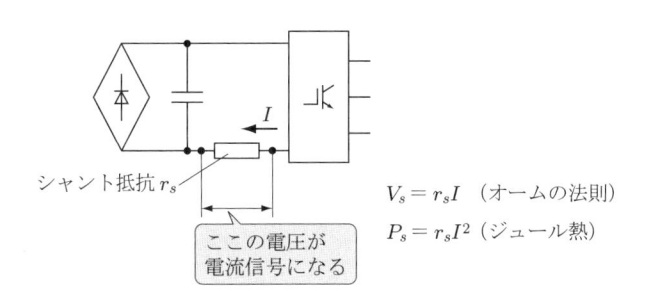

$V_s = r_s I$ （オームの法則）
$P_s = r_s I^2$ （ジュール熱）

図5.15 シャント抵抗による電流検出

(2) 磁界を使用する方法

導体に電流が流れると周囲に磁界ができる．この磁界は導体の周囲に鉄心（コア）を巻けば，鉄心内部に集中する．このような原理を利用した電流センサを図5.16に示す．

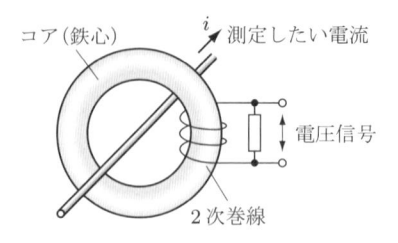

5章　インバータのアナログ電子回路技術

図5.16　磁界を利用した電流センサ

　図 5.16 は，コア内部の磁界の電磁誘導により発生する起電力を利用する変圧器になっている．検出電流と信号の関係は，2 次巻線の巻数により調節できる．抵抗の両端の電圧は測定電流に比例するので，信号として電圧が得られる．このような電流検出のための変圧器は CT（current transformer）とよばれる．これは容易に絶縁が確保できるメリットがあるが，直流分が検出できないという欠点があり，そのため ACCT とよばれる．

　2 次巻線ではなく，コア内部の磁界を直接検出すれば，貫通する電流の直流分の磁界も含まれているはずである．そこで，ホール素子[†]を利用して磁界を検出する電流センサがある．図 5.17 に示したのはその原理である．導体の周囲のコアの一部にギャップを設け，ギャップ内にホール素子を配置する．このとき，ホール素子にはコア内の磁束に応じた電位差が生じる．

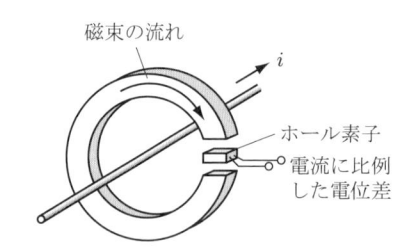

図5.17　ホール素子を利用した電流センサ

　ホール素子を使った電流センサは，絶縁型で，しかも直流電流も検出できるので，DCCT とよばれ，インバータではよく使われる．信号レベルの調整は，図 5.18 に示すように，コアに貫通する導線の巻数によっても可能である．

[†] ホール効果を利用した素子．ホール効果とは，半導体に電流を流し，それと直角に磁界を印加すると，電流と磁界に直角に電位差を生じる現象．生じる電位差をホール電圧とよぶ．

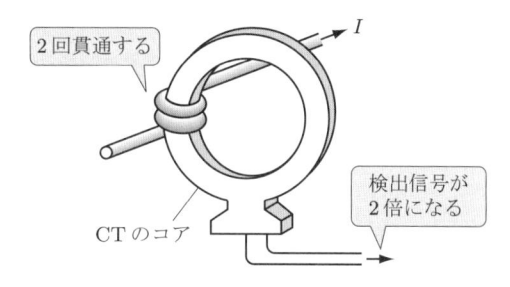

図 5.18　電流センサの感度向上

　市販のホール素子型の電流センサは，温度変化やコアのヒステリシス特性の補償などさまざまに工夫され，電流を検出しやすくなっている．

5.5.2　電圧の検出

　インバータで検出すべき電圧は，制御回路の電圧からみて高電圧であることが多い．したがって，電圧の検出は，まず分圧が基本である．分圧の原理を図5.19に示す．測定電圧を $1/n$ に落としたいときには，

$$\frac{r_2}{r_1+r_2}=\frac{1}{n}$$

となるように r_1，r_2 を選定すればよい．ただし，このように検出した信号は絶縁する必要がある．信号は絶縁アンプを使用して制御回路に入力する．絶縁アンプは比較的高価なので，家電などの安価なインバータでは，絶縁しないですむようなさまざまな工夫が行われている．

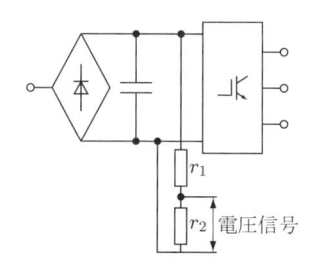

図 5.19　電圧の分圧

スイッチングレギュレータとチョッパ

　直流電力を変換するのにスイッチングレギュレータが使われます．本書では，直流電力の変換はチョッパで説明しました．では，チョッパとスイッチングレギュレータの違いは何でしょう．

　それは絶縁にあります．スイッチングレギュレータとは，一般に，変圧器を使った回路です．そのため入力と出力が絶縁されています．原理は本書で説明したチョッパと類似です．変圧器のインダクタンスを利用してエネルギーのやり取りをする回路です．入出力が絶縁されているので，負荷の回路はノイズに対して強くなります．

　しかし，スイッチングレギュレータのもう一つの特徴は変圧器です．変圧器を使っているために，電圧を変圧器の巻数比で決めることができます．巻数比により，入力電圧にとらわれることなしに出力できるのです．昇圧，降圧は巻数比で決めることができます．スイッチングの制御は出力電圧または電流を調節するためだけに使われます．本書では取り上げませんが，スイッチングレギュレータもなかなか奥が深い技術です．

6章 インバータの保護と信頼性

　インバータの主回路に用いるパワー半導体デバイスは，電圧・電流の最大定格を超えたら破壊すると考えたほうがよい．半導体の最大定格とは，一瞬でも超えてはいけない最大値である．このことが，多少の過負荷には耐えられる機械の世界ともっとも異なる点である．インバータの制御や動作に不具合が生じると，定格を超えた電圧・電流が発生しやすい．それにより，主回路の故障や破損などを引き起こしてしまう．

　インバータは，高電圧，大電流を取り扱うため，半導体デバイスが短絡すると大電流が流れデバイスが焼損してしまう．短絡による大電流が流れ続けると，発熱で溶断してデバイスは開放に至る．その際，発煙，火花なども発生する可能性がある．インバータが故障しても破損する前に停止させるための保護が必要である．そのためには，設計時に信頼性を考えておくことが大切である．さらに，故障してしまった場合のトラブル対策は，実用上もっとも大切なことである．本章では，デバイスの保護と冷却，インバータの信頼性およびインバータ特有のトラブル対策について述べる．

6.1 電流の保護

　インバータで過電流が発生したときの検出法について述べる．過電圧の防止と保護については，5.4節で述べたスナバを参照してほしい．

6.1.1 短絡現象

　インバータおよび負荷の回路に短絡現象が生じると，インバータの主回路に過電流が流れる．過電流が流れても，すぐには IGBT は破壊しない．IGBT は，過電流でコレクタ電流が増加すると，コレクタ－エミッタ間電圧 V_{CE} が増加する．そのため，コレクタ電流はある一定値でバランスする性質がある．この状態で，どの程度の時間破壊しないで耐えられるかを示したのが短絡耐量である．

短絡耐量は時間で示される．これ以下の時間に短絡状態を解消すれば，素子が破壊しないという制約時間で，一般には，数 μs 程度である．インバータを過電流から保護するためには，これ以下の時間で動作するような保護回路が必要である．

インバータで発生する短絡現象とその発生原因を，表 6.1 に示す．インバータの内部が短絡した場合，アーム短絡現象が生じる．スイッチング素子またはフィードバックダイオードのうちの一つが破壊して導通状態になったとする．図に示すように上アームの素子が導通したとすると，次のスイッチングで同じレグの下アームがオンしてしまう．この瞬間に直流電源が短絡する．また，制御回路や駆動回路が誤動作して上下アームを同時にオンする信号を発生させてしまうと，同様な短絡現象が生じる．

表 6.1 短絡現象と発生要因

名　称	短絡の状態	発生要因
アーム短絡		素子の破壊 誤動作 （制御ノイズ等）
負荷短絡		負荷の絶縁破壊
地　絡		負荷の地絡

インバータが駆動している負荷または負荷までの配線が短絡または地絡すると，負荷短絡または地絡が生じる．この 3 種類の短絡現象を比較すると，アーム短絡の場合，同一レグの IGBT が過電流になる．負荷短絡の場合，上下別アームの IGBT が過電流になる．負荷が地絡した場合，1 アームのみ過電流になる．これはつねにそうなるわけではないが，短絡現象の原因推定の一つの目安になる．

6.1.2 過電流検出方法

短絡耐量以内に IGBT をオフすれば,過電流による素子の破壊を避けることができる.そのためには過電流を検出する必要がある.インバータ回路のうち,電流検出可能な位置としては,図 6.1 に示すような位置がある.①は平滑コンデンサの充電電流を検出する方法である.②はインバータ回路に入力する直流電流を検出する方法である.③は負荷電流を検出する方法である.この場合,三相とも検出する必要があるので,電流センサが3個必要である.さらに,④は各素子を流れる電流をすべて検出する方法で,電流センサが6個必要である.これらについて比較したのが表 6.2 である.どの方法を使っても短絡は検出できるが,精度が異なる.当然,電流センサが多いほど精度は高い.保護回路の検出精度が低いと,誤検出によるインバータの停止を招く.無用な

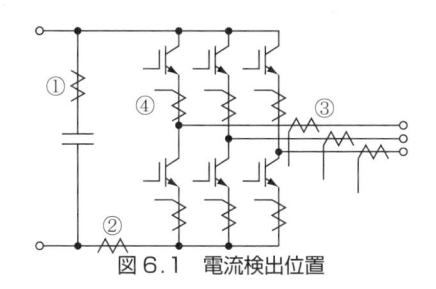

図 6.1 電流検出位置

表 6.2 電流検出位置の比較

検出器位置	検出電流	精　度	センサ数	検出可能な内容
① コンデンサ 充電電流	AC	低い	1	アーム短絡 負荷短絡 地絡
② 直流電流	DC	低い	1	アーム短絡 負荷短絡 地絡
③ 出力電流	AC	高い	3	負荷短絡 地絡
		やや高い	2*	負荷短絡
④ 素子電流	DC	高い	6〜	アーム短絡 負荷短絡 地絡

*$I_u + I_w + I_v = 0$ の原理を使う.

停止を防ぐためには，検出方法を十分検討する必要がある．

ここで，検出電流が交流の場合，CT を用いれば絶縁が可能であるが，通常の CT は直流成分が検出できない．そのため，②，④に CT を用いる場合，直流分も検出できる DCCT タイプの電流センサが必要となる．シャント抵抗による検出も可能である．このときは絶縁が必要であり，さらに，高速信号を検出するため無誘導の抵抗素子を選定する必要がある．なお，④の場合，各素子に電流センサを取り付けるのではなく，各素子の $V_{CE(sat)}$ を検出して電流に換算するような方法を用いることもできる．$V_{CE(sat)}$ が，あるレベルまで増加すると過電流と判断する．IPM や駆動用の IC では，この方法を用いているものもある．

6.1.3 保護回路

過電流を検出したとき，短時間で IGBT に過電流が流れないように保護する必要がある．しかし，過電流のときに通常のターンオフの制御をすると，IGBT が高速で電流を遮断してしまう．このとき，コレクタ電圧が跳ね上がり，IGBT が過電圧で破壊してしまう恐れがある．そのため，通常よりもゆっくりターンオフさせる必要がある．

ゆっくりターンオフさせる方法として，ゲート電源出力を遮断する方法がある．ただし，ゆっくりターンオフしているときの電圧・電流の動作軌跡は，パワー素子の逆バイアス安全動作領域（RBSOA）の範囲内に収まるようにしなくてはならない．図 6.2 に逆バイアス安全動作領域を示す．SOA（safety

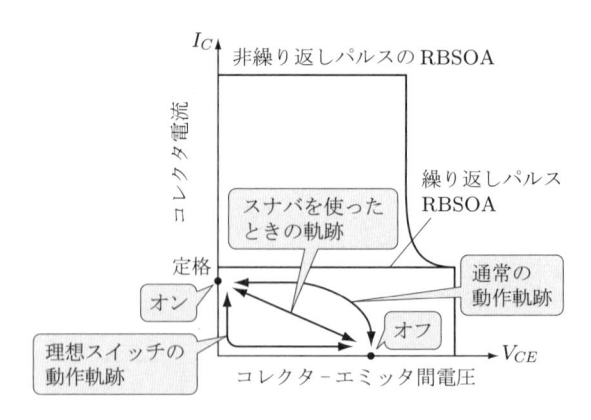

図 6.2 逆バイアス安全動作領域（RBSOA）

operation area)とは，素子の動作軌跡をこの平面上で表したときに，素子が破壊せずに動作する領域を表したものである．なお，ここには理想スイッチの動作軌跡，および通常のスイッチングでの動作軌跡も示してある．図に示すように，スナバは動作軌跡を理想スイッチの動作に近づけるはたらきがある．

○─ モータの保護 ─○

一般的なモータには，サーマルリレーとよばれる保護装置が入っています．単なるサーモスタットではありません．大電流が流せるサーモスタットです．バイメタルなどともよばれます．サーモスタットは，温度が上昇すると接点が開放します．そのサーモスタットにモータの電流も流すのです．電流が流れると，抵抗によるジュール熱で接点の温度が上昇します．これにより，たとえ温度が低くても，電流が大きすぎると接点が開くのです．モータの温度保護であれば，どこか1箇所にサーモスタットを組み込んでおけばいいのですが，サーマルリレーの場合，三相モータでは最低限二相の電流を見なくてはいけないので，2個組み込まれています．商品名を使ってクリクソンとよぶ場合もあります．

6.2 冷 却

6.2.1 冷却の必要性

インバータの主回路は発熱するため，冷却する必要がある．主回路以外でも，制御回路，電源回路など，温度上昇が大きい回路および回路部品も冷却する必要がある．

冷却する第一の目的は，温度による素子の破壊，故障を防ぐためである．現在使われているシリコン半導体は，pn接合温度を150℃以下にする必要がある．半導体は，この温度を超えると破損してしまう．つまり，一瞬でも超えてはいけない温度である．また，リアクトルや配線などの絶縁材料にも温度の上限がある．ただし，半導体以外の部品は，一瞬の短時間であれば上限温度になってもすぐに破壊することはない．

冷却のもう一つの目的は，部品の劣化防止である．電解コンデンサ，有機絶縁材料などは，アレニウスの法則[†]により，温度が上昇すると寿命が短くなる．

[†] 温度により化学反応が促進されることを示す法則である．アレニウスの式によると，温度が10℃高いと寿命は半分になる（4.3節参照）．

6章　インバータの保護と信頼性

そのため，インバータの使用条件によっては部品の冷却が必要な場合がある．表6.3におもな部品，素子の一般的な温度の上限の例を示す．また，リアクトル，変圧器などの電気機器の絶縁システムは耐熱クラスが指定されている．耐熱クラスとは，絶縁材料を組み合わせた絶縁システムとしての推奨最高連続使用温度を示している．耐熱クラスを表6.4に示す．

表6.3　温度上限の例

部　品	上限温度の例
ダイオード，IGBT	pn接合温度が125℃．ケース温度で推定する．
電解コンデンサ	85℃，105℃などの規格がある．
リアクトル，トランスなどの巻物	F，Hなどの耐熱クラスで決める．
一般電子部品	60℃
その他	一般用部品には0～40℃のものがあるので要注意である．

表6.4　耐熱クラス（JIS C4003：2010をもとに作成）

指定文字	耐熱クラス[℃]
Y	90
A	105
E	120
B	130
F	155
H	180
N	200
R	220
250	250

備考　かつては180℃以上をC種と総称していた．

6.2.2　冷却法

冷却とは，他の物質に伝熱することにより，そのものの熱をうばって温度を低下させることである．このとき，熱の移動に用いる媒体を冷媒という．冷媒

が空気の場合を空冷とよび,水の場合は水冷,油の場合は油冷という.熱により発生する対流(自然対流)を利用する場合と,強制的に冷媒を循環させる場合がある.冷却による熱の移動は,放熱面の面積と冷媒の流量に関係する.空冷の場合,風量および風速が冷却量を決定する.

このことは,冷却を検討する場合,構造物の形状がもっとも大切であることを示している.すなわち,放熱面の面積が大きいフィン構造が必要であり,風や液体の流れやすい流路構造が必要である.流路での流体の流れやすさを示すのに,圧力損失(圧損)が使われる.圧力損失が大きいときには,流体の流速が落ちるので流量が低下する.したがって,冷却能力が低下する.

液体冷媒の場合,絶縁の効果も得られることがある.冷媒によっては空気よりも絶縁耐力が高いものがあるので,直接充電部に接触させて冷却と絶縁の両方の効果をねらう場合がある.

熱容量の大きな物質は冷却能力が高い.したがって,油は冷媒として適しており,さらに絶縁耐力も高い[†].絶縁と冷却の両方の効果が得られるものの例としては,純水(イオンなどの不純物を含まないので絶縁物である)がある.また,フッ素化合物系の冷媒も絶縁および冷却を兼ねることができるが,この種のガスは地球温暖化係数が高いことが多く,使用には注意を要する.

6.2.3 インバータの放熱設計

インバータの放熱設計で大切なのは,パワー半導体デバイスの pn 接合が設定温度以下になるようにすることである.pn 接合の温度は,ジャンクション温度 T_j とよばれる.pn 接合が熱で破壊しない温度を,最大ジャンクション温度 T_{jmax} とよぶ.放熱設計では T_j を予測するために,熱抵抗 R_{th} [K/W] を用いる.熱抵抗を用いると,伝熱をオームの法則で表すことができる.ここでは,空冷を例にして,ジャンクション温度と冷却用の空気の温度の関係を説明する.

$$T_j = T_a + P \times (R_{th_{j-c}} + R_{th_{c-f}} + R_{th_{f-a}})$$

ここで,T_a は空気温度,P は素子の損失,$R_{th_{j-c}}$ は pn 接合とケースの間の熱抵抗である.$R_{th_{c-f}}$ はモジュールを冷却フィンに取り付けることによる熱抵抗で,通常は伝熱グリスを用いる.$R_{th_{f-a}}$ は,冷却フィンと空気の間の熱抵抗である.

[†] 冷凍空調用に使われる油系の冷媒を,ブラインとよぶ.

6章　インバータの保護と信頼性

　伝熱の様子を，熱抵抗を使って伝熱回路図で表すと，図6.3のようになる．ジャンクション温度 T_j はモジュール内部のため測定できない．ケース温度 T_c，フィン温度 T_f は測定可能である．放熱設計はこれらの諸量を用いて行う．

　最大ジャンクション温度 T_{jmax} は，汎用デバイスの場合にはデータシートに記載してある．一般的に，シリコン半導体では最大定格は150℃であるが，安全率，寿命を考慮して120℃程度に抑えられている．また，デバイス内部のpn接合とケース間の熱抵抗 $R_{th_{j-c}}$ もデータシートに記載してある．一方，冷却媒体である空気の最高温度は，用途や使用環境などの仕様から決まってくる．これらを用いれば，必要な放熱フィンの熱抵抗 $R_{th_{c-f}} + R_{th_{f-a}}$ が導出できる．ここで，モジュールのケースと放熱フィンの間の熱抵抗 $R_{th_{c-f}}$ は，モジュールの取り付け方法により決まる．そこで，放熱フィンと空気の間の熱抵抗 $R_{th_{c-f}}$ を満たす放熱フィンが選定できればよいことになる．汎用の放熱フィンのデータシートには，自然対流および強制対流の場合の熱抵抗が記載されている．設計の確認のためには，ケースまたはフィン温度を測定すれば，実験により検証可能である．

　今後，高温で使用できるパワー半導体デバイスが開発されれば，冷却の点で大きな進歩が期待できる．SiC，ダイヤモンド系，窒化物系などの次世代半導体が，高温動作可能だといわれている．

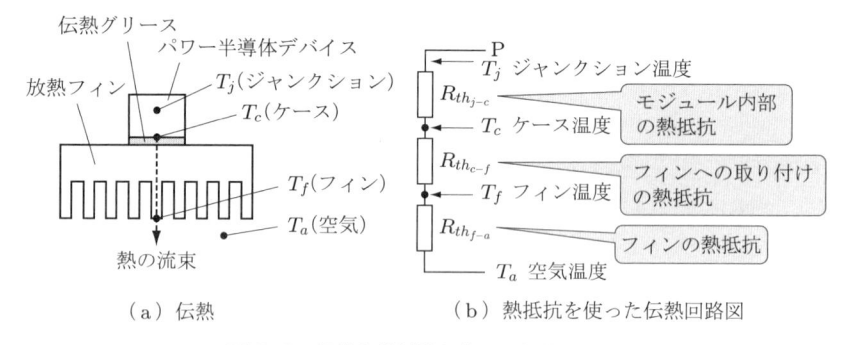

図6.3　伝熱と熱抵抗を使った伝熱回路図

6.3 寿命と信頼性

一般に，半導体などの電子部品の故障率は，図6.4に示すバスタブカーブに従うといわれている．インバータは電子部品を組み合わせた電子機器なので，基本的には故障率はバスタブカーブに従うと考えてよい．バスタブカーブでは，故障を初期故障，偶発故障，磨耗故障と三つに分けている．ここでは，電子部品一般ではなく，とくにインバータとしての故障について述べる．

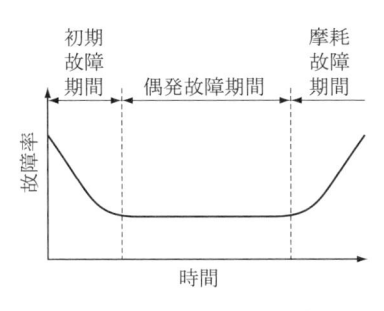

図6.4 バスタブカーブ

初期故障は，製作後の検査やエージングで取り除くことができる．偶発故障は，予測不能な故障が突発的に発生するので，あらかじめ故障状態を想定した保護回路，冗長設計などの設計的な対策が必要である．磨耗故障は，有限寿命の部品が原因となる故障である．対象部品の交換による延命か，あるいはインバータの寿命と考えるかである．

インバータの初期故障の場合，インバータ単体の初期故障のほかに，負荷との不適合による故障が発生する．初期故障を防ぐためには，出荷前にエージングによりインバータに電気的，熱的なストレスをかける．エージングでは，通常の検査で発見できなかった故障が人為的に発生できる可能性がある．したがって，十分なエージングを行えば初期故障は起きないはずである．しかし，インバータを据え付けて運転開始すると故障が発生することがある．これは，インバータの仕様に問題があり，運転条件，負荷条件，インバータの環境などが適合しないために起きることが多い．初期故障を防ぐためには，インバータの使用される条件，使われ方を，設計者と使用者の間で十分協議して理解しておく必要がある．

偶発故障は，インバータで使用する部品の平均故障間隔（MTBF；mean

time between failure）などの統計量から，保用部品を用意するなどの対策が考えられる．この期間に発生するインバータの故障は，外部要因や使用条件により発生することが多い．想定外の使用法，配線変更による誤配線などである．小容量のインバータは修理して再使用することはあまり多くないので，本来は装置としての平均故障時間（MTTF；mean time to failure）を考慮すべきであるといわれる．しかし，MTTFは故障してから次の故障までの時間を指すので，インバータにはあまりなじまないように思われる．故障率とは，ある時間あたりの故障件数で表され，通常，電子部品ではFIT（failure in time）が使われる．FITは，10億時間（10^9時間）あたりの故障件数である．

　インバータの信頼性を高くするのに，ディレーティング（負荷軽減；derating）という考え方が使われる．これは，部品へのストレスを低減すれば寿命が延びるという考え方である．温度・電圧・電流などを，部品の限界値より低い領域で意図的に使用する．たとえば，100A定格のパワー素子を1/3にディレーティングして，最大33Aのスイッチングに使うように設計することである．ディレーティングにより，当然コストや大きさなどの問題は発生する．

　インバータの場合，保守点検なども寿命に影響することがある．空冷のインバータの場合，外部の冷却空気を利用する．空気中のちり，埃，塩分などが，長い期間かかってインバータ内部に堆積する．これらの堆積物は，沿面放電の原因となる．さらに，堆積物により絶縁抵抗が低下し，常時微弱電流が流れ，発熱する．発熱により絶縁性能が劣化し，抵抗値が低下する．徐々に電流が増加し，あるときに破壊的に電流が流れる．すなわち，インバータの内部の清掃状態も寿命と関係する．

　応力によるはんだのクラック，残留フラックスによる腐食なども長時間かかって進行する．これらも丁寧な目視点検を行えば，ある程度は発見できる．

　これまで，電子機器の磨耗故障は，一部のコンデンサを除いてあまり考えなかった．しかし近年，このような現象を電子機器の磨耗故障の問題としてとらえられるようになってきた．さらに，パワー半導体デバイスそのものの劣化についても，電力，鉄道などで，実機で実際に長期間使用している素子の劣化データを蓄積している．インバータの進展とともに，このような技術が，今後さらに進んでいくと思われる．

6.4 故障解析

インバータが不幸にも故障してしまった場合，当然，交換または修理を行う．しかし，単に修理するだけでなく，故障の原因究明が必要である．

6.4.1 インバータの故障の特徴

通常の機械では，壊れた部品を交換すればまた元のように動くことが多い．しかし，インバータでは壊れた部品を取り換えても，同じ現象が再び起きて，再度壊れることがよくある．これは，真の故障原因を取り除いていないことによる．たとえば，インバータの温度上昇が大きすぎるときは，ファンの風量を上げれば温度を下げることができる．しかし，これは対症療法であって，温度上昇を増加させている原因への対策にはなっていない．インバータの故障で表に現れる現象は症状であって，真の原因ではないことが多い．そのためには，インバータが故障したら，修理はもちろんのこと，原因を解明することが必要になる．

6.4.2 インバータのトラブル対策

インバータが故障したときの対応の流れを，図6.5に示す．これについて説明する．

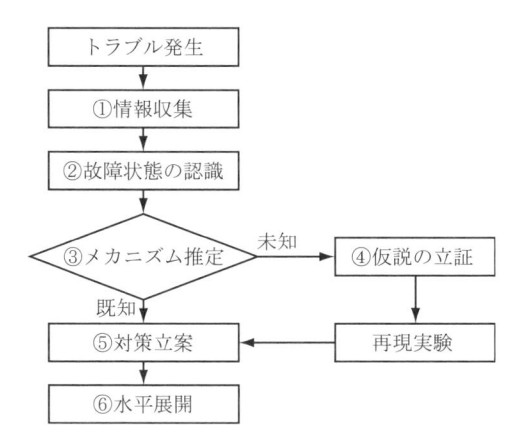

図6.5 トラブル対策の流れ

① 情報収集

インバータのトラブルが発生したら，まず，トラブルの状況を把握することが必要である．トラブル発生時の状況，環境，機器の仕様などを調べ，さらに，トラブルを起こした機器の図面，仕様書などの情報も集める．

② 故障状態の認識，観察

次に，何が起こっているのかを把握する．外部から見て，どんな状態で動かないのか，どのように誤動作するのかを客観的に知る．また，壊れて動かなくなっているときには，とくに内部をよく観察する必要がある．このとき，制御回路のシーケンスや絶縁のチェックなども可能な限り行う．観測，観察を繰り返して故障状態を認識する．

③ メカニズムの推定

これまでの状況からトラブルの因果関係を考える．トラブル発生時の運転状況が大きなヒントになることが多い．このとき，むやみにノイズが原因と考えないほうがいい．このメカニズムの推定が，トラブル対策でもっとも大切なところである．

④ 仮説の立証

推定した故障メカニズムは仮説に過ぎない．仮説どおりにものごとが進んでいくかは，実験による再現が必要である．実機では難しい場合，モデル実験でかまわないので実験を必ず行う．トラブルが再現すれば，仮説は正しいことが立証される．たとえトラブルが再現しなくても，その兆候が観測できれば仮説の立証になる．

⑤ 対策立案

まず，インバータを運転させるための応急対策を立案することが必要である．ここでは「必要な対策」を行う．たとえば，部品交換等で復旧する．続いて，恒久対策を考える必要がある．恒久対策とは，設計変更，工程変更なども含んで，二度と類似のことが起きないようにする対策である．恒久対策案は，実験を繰り返し行い，慎重に決定する．恒久対策は「十分な対策」であることが必要である．

⑥ 水平展開

恒久対策が終わったら，水平展開を図る．他の号機，類似機種はどうなのか，対象とするインバータによって水平展開の広さ，規模は異なる．しかし，⑤項まできちんと行っておけば，類似のトラブルは出さないように検討でき

るはずである．

6.4.3　原因究明の方法

　前項で述べた仮説の立案は，ベテランエンジニアなら経験的に因果関係を推測できることが多い．経験的にというのは，何が起きたらああなる，こうなる，というのが見えてくる，いわゆる「暗黙知」である．しかし，経験が少ないエンジニアは知識も少ないので，論理的に原因の推定を行う必要がある．知識や経験がない場合，手法の助けを借りると見えてくることがある．このとき役に立つのがFTAである．

　FTA（fault tree analysis）は故障木解析法ともよばれ，ある故障が発生したときの経過をさかのぼって原因を解析する手法である．発生した故障現象から出発し，「これが起こる原因は」，「さらにそうなる原因は」というようにさかのぼっていき，最後は問題となる部品，モジュールなどのハードウエアに到達する解析法である．事象の連鎖をフローチャートで表現し，そのなかでANDやORの条件を入れて展開する．

　したがって，FTAを実施するにあたっては，対象とするインバータの動作の理解が必要である．インバータがどんなロジックやシーケンスで動いているのかを，数式ではなく，言葉で表現できるように機能をよく理解できている必要がある．

　このように真の原因が明らかになれば，恒久対策が可能になる．

7章 PWM 制御

インバータの出力の制御法として代表的なものに，パルス幅を可変する PWM（pulse width modulation）制御がある．インバータはスイッチングにより動作するので，出力するパルス波形は振幅が一定であり，パルス幅を制御しなくてはならない．PWM 制御により，パルスのデューティを制御して出力電圧または電流の大きさが制御できる．さらに，PWM 制御により出力波形を正弦波に近似することも可能である．

PWM 制御技術は，制御用のコンピュータおよびパワー半導体デバイスの動作速度によって変化してきた．すなわち，そのいずれもが低速であった時代に盛んに用いられた過去の PWM 制御技術の目指すものと，現在の PWM 制御技術の目指すものは異なっているのである．しかし，その基本的考え方は共通である．そこで本章では，PWM 制御の基本的な技術について，現在用いられている PWM 制御技術を中心に説明する．PWM 技術は，インバータのもっとも基本となる制御技術である．

7.1 三角波 - 正弦波方式

PWM 制御としてもっとも広く使われている三角波 - 正弦波方式は，高周波の三角波と正弦波の大きさを比較することにより，パルスを作り出している．ここでは三角波 - 正弦波方式の詳細について述べる．

7.1.1 正弦波への近似法

三角波をキャリア信号（搬送波；carrier signal）とし，正弦波を変調波信号（modulating signal）として，両方の信号を比較してその大小に応じてパルスを出力する方式である．もっとも広く使われている．インバータ用に開発されたマイコンには，内部にこの機能を内蔵しているものもある．

三角波 - 正弦波方式の原理を図 7.1 に示す．インバータで出力すべき電圧

7.1 三角波 - 正弦波方式

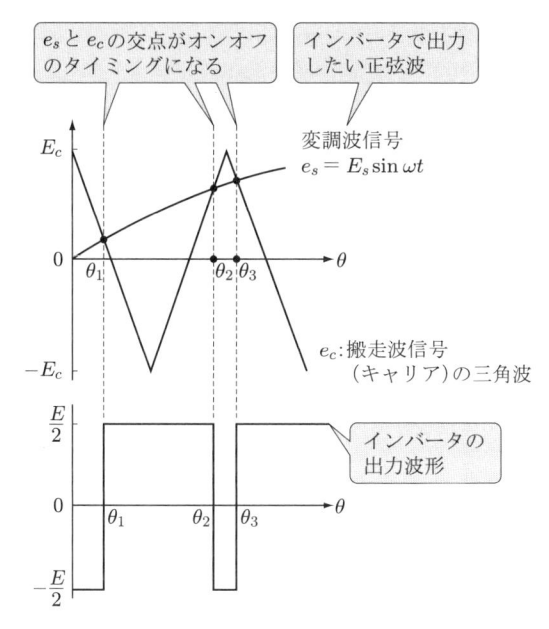

図7.1 PWM信号の原理

波形を正弦波

$$e_s = E_s \sin \omega_s t$$

とする．このとき，e_s を変調波信号とする．変調波信号は，角周波数 ω_s で振幅 E_s の正弦波電圧である．一方，三角波 e_c は搬送波信号（キャリア）であり，変調波信号より高い周波数である．PWM信号は，この二つの信号の交点 θ_1，θ_2 でオンまたはオフすることにより合成される．ロジックで表すと，

$e_s > e_c$ のとき　　1

$e_s < e_c$ のとき　　0

となる．

この考え方をアナログ回路で実現するのは，図7.2のようにコンパレータに二つの信号を入力して，大小を比較すればよい．ところが，ソフトウエアで制御しようとして，オンオフすべき θ を直線と正弦波の交点を計算で求めようとすると，三角波の周期ごとに

$$-k\theta + E_c = E_s \sin \theta$$

となる θ を求める問題となる．この方程式は単純であるが，非線形方程式なの

7章　PWM制御

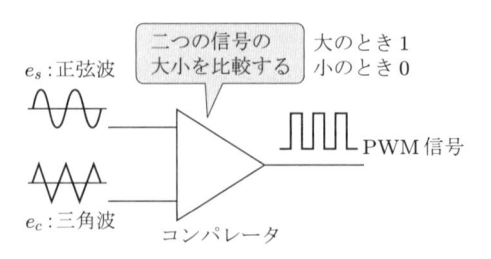

図7.2　アナログ回路でのPWM信号発生

で直接解析的に解くのは難しい[†]．計算機では，正弦波，三角波ともに離散化して（量子化）扱う．図7.3に示すように，制御周期ごとに一定の値として，その大小によりオンオフを決定する．

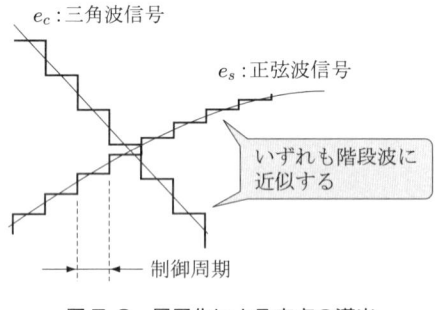

図7.3　量子化による交点の導出

ここで，図7.4に示すように，変調波信号とキャリア信号の振幅比 M を導入する．

$$M = \frac{E_s}{E_c}$$

M を変調率（modulation factor）とよぶ．また，M は変調度ともよばれる．M を使うと，出力の線間電圧の基本波実効値は，次のように表される．ここで E はインバータの直流電圧である．

$$V_{1rms} = \sqrt{\frac{3}{2}} M \frac{E}{2}$$

すなわち，出力する基本波電圧は M に比例する．モータ駆動の場合，基本波

[†] 三角波を正弦波に置き換えると比較的簡単に解ける．

7.1 三角波 - 正弦波方式

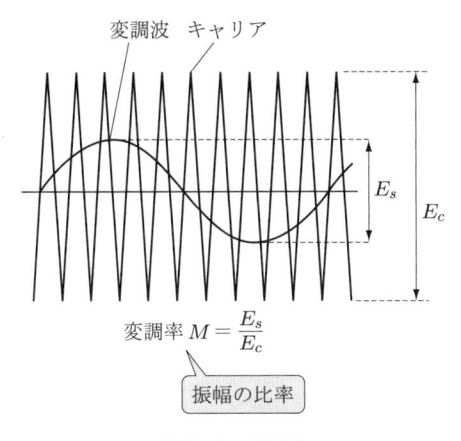

図7.4 変調率

成分がモータの発生するトルクと大きく関係するので，Mはもっとも大切な制御変数である．変調波信号はまた，正弦波指令，基本波指令などとよばれる場合もある．キャリア信号が三角波以外の，のこぎり波などの波形も含んで，このようなPWM制御をキャリア変調方式とよぶ．

7.1.2 同期式PWM制御

同期式PWM制御とは，三角波キャリア信号の周期と正弦波指令信号の周期が整数倍になっている制御である．図7.5には，変調波の12倍のキャリ

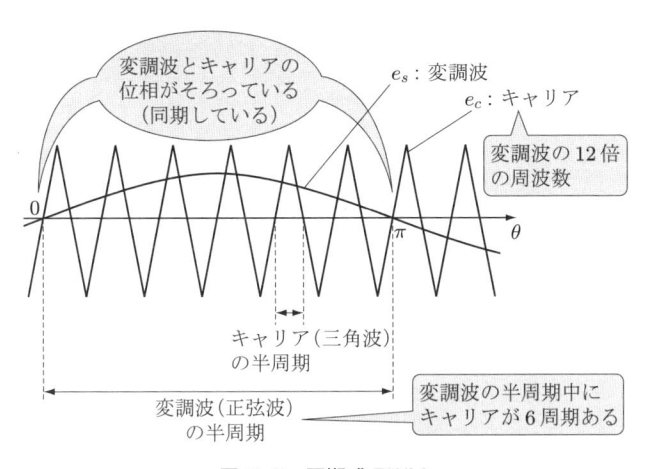

図7.5 同期式PWM

ア周波数の例を示している．同期式制御では，インバータの出力周波数を変化させる際には，キャリア周波数もそれに応じて変化させる．つまり，PWM波形の1周期のパルス数は一定である．インバータの出力周波数を制御するとき，パルス数を一定にして，それぞれのパルス幅を可変して制御することになる．したがって，出力周波数が変化しても一種の相似波形になる．

同期制御は，高調波の点で優位な点がある．キャリア周波数を基本波周波数の $3n$ 倍に選定すれば，キャリア周波数成分の高調波は三相の対称性によりキャンセルされ出力しない．また，出力する高調波は奇数次の高調波成分のみである．このことは，出力波形が同一波形の正負の繰り返しであるという対称性により生ずる．正負のPWM波形が異なると，偶数次の高調波が出現する．

同期方式は，インバータの出力周波数によらず，つねにパルス数を一定にする制御方法であるが，出力周波数に応じてパルス数を切り換えるようなことも行われる．たとえば，低周波出力時にはパルス数を少なくすれば，スイッチング回数が減るのでスイッチング損失を低下させることができる．また，キャリア周波数がほぼ一定になるように，インバータ周波数に応じてキャリア周波数を変更することも可能である．

一方，非同期制御は，正弦波の周波数にかかわらずキャリア周波数をつねに一定にする制御方式である．キャリア信号は正弦波信号の位相とは同期しない．そのため，図7.6に示す点弧角は変調波の次の周期では異なってしまう．つ

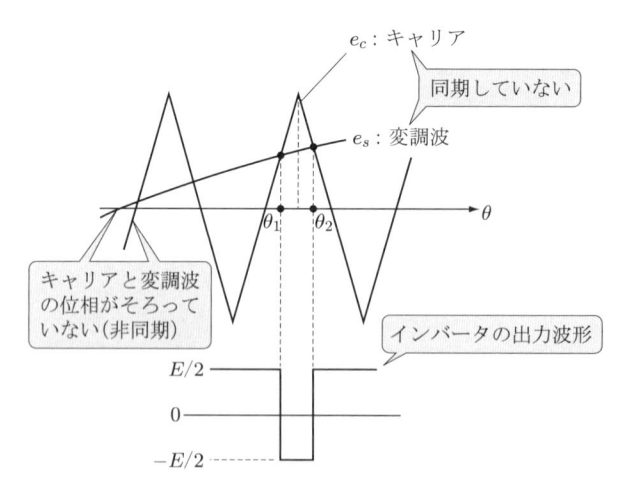

図7.6 非同期式PWM

まり，出力するPWM波形はつねに同一ではない．このことから，出力高調波には奇数次のほかに偶数次成分も含まれてしまう．ただし，キャリア周波数が十分高い場合にはこのことはほとんど無視できる．

同期PWM制御は，パワー半導体デバイスのスイッチング速度が遅い場合によく行われる．図7.7に，電鉄用インバータで用いられたパルスモード切換を示す．始動時は非同期PWM制御でキャリア周波数を高くして過電流を防ぐ．ある速度になると同期PWMに切り換え，キャリア周波数がある範囲に納まるようにパルス数を変更する．電車が始動加速するときの音色が変化するのは，このような制御を行っているからである[†1]．

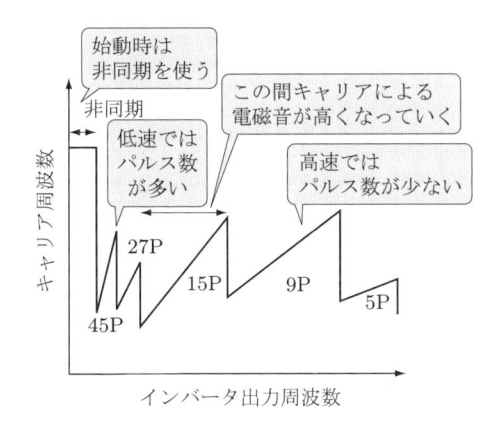

図7.7 パルスモード切換（電鉄用の例）

7.1.3 三相変調

三相での三角波比較法の原理図を図7.8に示す．一つの三角波キャリア信号に対し，120度の位相差をもつ三相の正弦波と比較する．ここでは，キャリア周波数が変調波の18次で，変調率 $M=0.8$ の例を示している．このときの相電圧と線間電圧のスペクトル[†2]を，図7.9に示す．

スペクトルを見ると，相電圧に出力される基本波の振幅は $M \cdot E/2$ と表されるので，$0.4E$ となっている．一方，線間電圧の振幅は $\sqrt{3} \times 0.4E = 0.693E$ で

[†1] かつて京浜急行の電車でドレミファインバータとよばれたのはこの方式である．キャリア周波数による電磁音が音階になるように，段階的に周波数を切り換えていた．
[†2] 英語では spectrum，複数は spectra．

7章 PWM制御

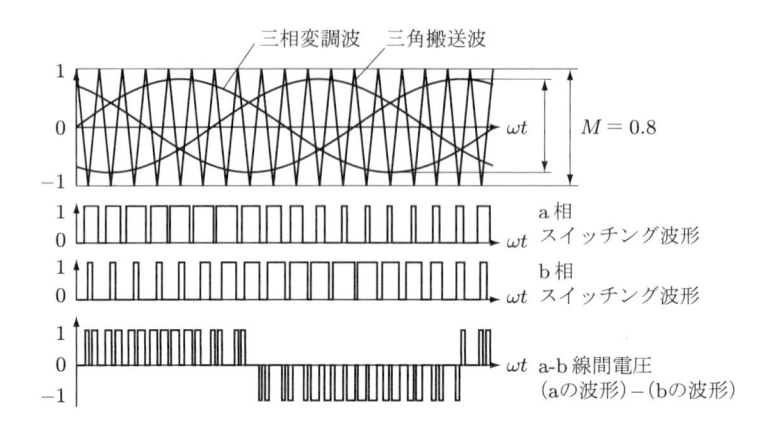

図7.8 三相の三角波比較法

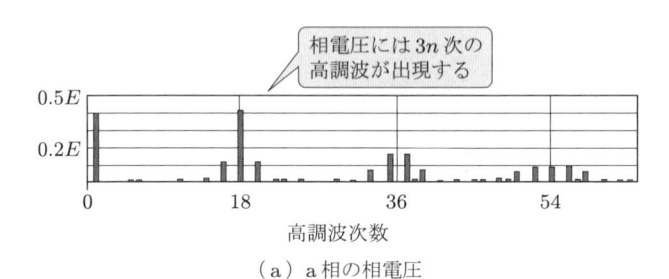

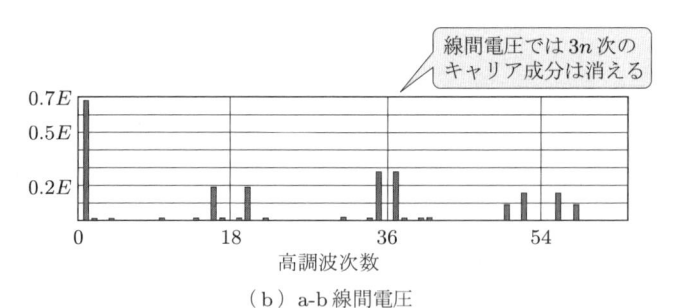

図7.9 三相PWM波形のスペクトル

(a) a相の相電圧 — 相電圧には$3n$次の高調波が出現する

(b) a-b線間電圧 — 線間電圧では$3n$次のキャリア成分は消える

ある．また，高調波はキャリア周波数に相当する18次は3の倍数なので，線間電圧では消滅している．しかし，側帯波である17次と19次は3の倍数でないので残っている．同様に，キャリア周波数の整数倍である36次，54次は消えているが，$3n$次以外の側帯波は残っている．このように，三相変調では

三相特有の現象が発生するが，基本は単相変調と同じである．

さらに，三相の変調波は三相の対称性（$V_U + V_V + V_W = 0$）を利用すれば，二相分のみの信号で制御可能である．

三相で同期式 PWM の場合，変調波とキャリアの周波数比は，次の関係を満たすと高調波の点で好都合である．

$$\frac{f_c}{f_f} = 3(2n-1) \quad (n = 1, 3, 5, \cdots)$$

周波数比を 3 の倍数にしないと，三相とも同一の PWM 波形にならない．また，キャリア周波数成分の高調波は $3n$ 次の高調波なので，出力線間電圧に出現しない．さらに，周波数比を奇数にすることにより，出力線間電圧に偶数次の高調波が出現しなくなる．

7.2 空間ベクトル法

空間ベクトル法は，磁束制御型 PWM，あるいは円近似法ともよばれる．PWM 波形を合成する際に，インバータの出力する電圧ベクトルに着目し，電圧ベクトルを制御する方法である．この方法は，電圧の時間積分が磁束であることに着目すれば，磁束を制御すると考えることができる．いずれも制御の考え方の基本は同一である．

いま，三相交流の瞬時電圧 v_u, v_v, v_w を，次の空間ベクトルとして定義する．

$$v = \sqrt{\frac{2}{3}}(v_u + \boldsymbol{a}^2 v_v + \boldsymbol{a} v_w)$$

ここで，$\boldsymbol{a} = e^{j(2\pi/3)}$ は，$2\pi/3$ 回転させる回転ベクトルである．このとき，

$$v_u = V_m \sin \omega t = V_m \frac{e^{j\omega t} - e^{-j\omega t}}{2j}$$

$$v_v = V_m \sin\left(\omega t - \frac{2\pi}{3}\right) = V_m \frac{e^{j(\omega t - 2\pi/3)} - e^{-j(\omega t - 2\pi/3)}}{2j}$$

$$v_w = V_m \sin\left(\omega t - \frac{4\pi}{3}\right) = V_m \frac{e^{j(\omega t - 4\pi/3)} - e^{-j(\omega t - 4\pi/3)}}{2j}$$

とする．ただし，V_m は正弦波電圧の振幅である．このとき，三相電圧の空間ベクトルは次のように表される．

7章　PWM制御

$$v = \sqrt{\frac{2}{3}} V_m e^{-j(\omega t - \pi/2)}$$

この式は，電圧ベクトル v の先端の軌跡が，複素平面上で角速度 ω で回転する半径 $\sqrt{2/3}V_m$ の円となることを表している．磁束ベクトル ϕ は電圧ベクトルを時間積分すれば求まるので，

$$\phi = \int v dt = \frac{1}{\omega}\sqrt{\frac{3}{2}} V_m e^{-j(\omega t - \pi)}$$

と表される．磁束ベクトルは，電圧ベクトルより $\pi/2$ 遅れて，角速度 ω で回転する．

空間ベクトル法をインバータで実現するためには，インバータのスイッチング状態というものを考える．上アームがオンしている場合を"1"とする．このとき，当然下アームはオフである．また，上アームがオフしている場合を"0"とする．この表現を使って，電圧 v を

$$v_k = (S_u S_v S_w)$$

と表すことにする．図 7.10 に，(100) の状態を示す．スイッチング状態はスイッチが3組あるので，$2^3 = 8$ 通りある．それぞれの状態において，インバータの出力する電圧ベクトルは次のようになる．

$$V_1 = (100) = \sqrt{\frac{2}{3}} E = \sqrt{\frac{2}{3}} e^{j0} E$$

$$V_2 = (101) = \sqrt{\frac{2}{3}} (1 + \boldsymbol{a}) E = \sqrt{\frac{2}{3}} e^{j\pi/3} E$$

$$V_3 = (001) = \sqrt{\frac{2}{3}} \boldsymbol{a} E = \sqrt{\frac{2}{3}} e^{j2\pi/3} E$$

$$V_4 = (011) = \sqrt{\frac{2}{3}} (\boldsymbol{a} + \boldsymbol{a}^2) E = \sqrt{\frac{2}{3}} e^{j\pi} E$$

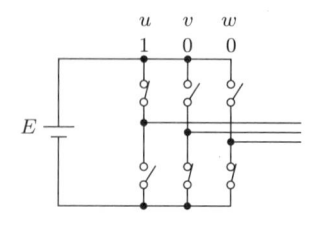

図 7.10　インバータのスイッチング状態

$$V_5 = (010) = \sqrt{\frac{2}{3}}\boldsymbol{a}^2 E = \sqrt{\frac{2}{3}} e^{j4\pi/3} E$$

$$V_6 = (110) = \sqrt{\frac{2}{3}}(1+\boldsymbol{a}^2) E = \sqrt{\frac{2}{3}} e^{j5\pi/3} E$$

$$V_0 = (000) = V_7 = (111) = 0$$

ここで，V_0（000）は上アームがすべてオフ，V_7（111）は上アームがすべてオンの状態である．この二つはインバータの出力が三相とも短絡されており，出力電圧はゼロである．V_0，V_7 の二つをゼロベクトルとよぶ．

これらの電圧を複素平面上に表すと，図 7.11 に示すような電圧ベクトルとなる．前述のように，この電圧ベクトルを時間で積分すると磁束の空間ベクトルになる．このことは，ある電圧ベクトルを出力すると，磁束ベクトルはその電圧ベクトルよりも $\pi/2$ だけ遅れた，すなわち，電圧と直角の方向を向いたベクトルとなることを示している．すなわち，回転磁界を得るためには，電圧ベクトルを順次選択して電圧ベクトルの軌跡が回転するようにすれば，磁束ベクトルが回転するので回転磁界が得られることになる．

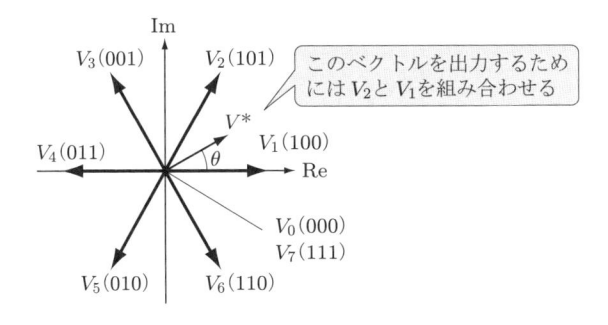

図 7.11 電圧ベクトル

図 7.11 に示す V^* という電圧ベクトルを出力するには，V_2 と V_1 を適当な割合で出力すれば，V^* と同一方向になる．さらに，V_0 を必要な割合だけ挿入すれば，V^* の長さと同一になる．それぞれのベクトルの出力時間を t_0，t_1，t_2 とする．周期を T とすると，$T = t_0 + t_1 + t_2$ である．

$$V_0 t_0 + V_1 t_1 + V_2 t_2 = V^* T$$

出力すべき V^* が，次のように表されるとする．

7章 PWM制御

$$V^* = \frac{\sqrt{3}}{2} k e^{j\theta}$$

ただし，$0 \leq k \leq 1$ とする．k は空間ベクトル法の PWM の変調率と考える[†]．このとき，各電圧ベクトルの出力時間は次のように表される．

$$t_0 = T\left\{1 - k\sin\left(\theta + \frac{\pi}{3}\right)\right\}$$

$$t_1 = kT\sin\left(\frac{\pi}{3} - \theta\right)$$

$$t_2 = kT\sin\theta$$

このような割合で図7.12に示すように電圧ベクトルを順次選択していけば，磁束ベクトル軌跡は円に近似できる．ベクトル軌跡の回転を電気角でなく実時間で考えると，ゼロベクトルの挿入はベクトル軌跡の回転速度，すなわち周波数を低下させることになる．ベクトル軌跡の1回転は電気角の1周期である．細かく切り換えればそれだけ円に近似できるので，出力波形の歪みは低下するが，インバータのスイッチング周波数が高くなる．ここで示した周期 T は，三角波 - 正弦波方式のキャリア周波数 f_c に換算すると $f_c = 2/T$ の関係になる．

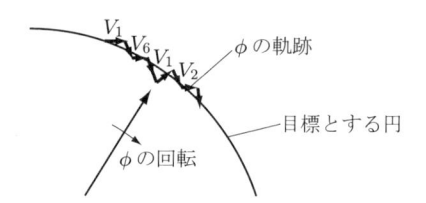

図7.12 電圧ベクトルの選択

電圧を調整するために，ゼロベクトル V_0，V_7 のいずれかを挿入すると，ベクトル軌跡の半径が小さくなる．つまり，電圧を制御するためにゼロベクトルを利用している．ゼロベクトルをまったく挿入しないで同一のベクトルを連続的に出力すると，ベクトル軌跡は六角形になる．このとき，出力電圧は方形波の6ステップ波形になる．6ステップ波形のベクトル軌跡である六角形と，正弦波の軌跡である円とは，円周と六角形の周囲の長さが等しいと考える．この関係を図7.13に示す．このとき，円の半径は六角形の頂点と中心の距離の

[†] 三角波 - 正弦波での変調率 M は，正弦波と三角波の振幅が等しいときに1と定義されている．空間ベクトル法 PWM の変調率については後述する．

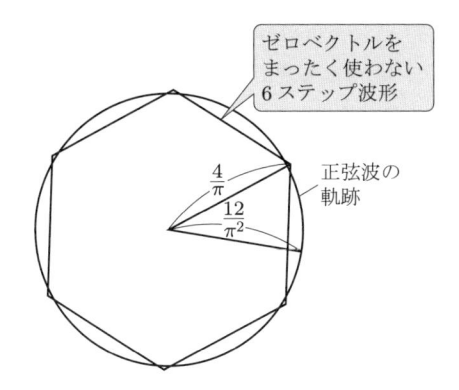

図7.13 六角形の周囲の長さと円周が等しい円

$3/\pi$ 倍になる．これを利用して，

$$M = \frac{3}{\pi}\frac{4}{\pi}(1-\gamma)$$

と定義する．ここで，γ はゼロベクトルの含まれる割合で，$0<\gamma<1$ である．ここで定義した M を空間ベクトル法の電圧制御率とすると，出力線間電圧の基本波実効値電圧は，

$$V_1 = \sqrt{\frac{3}{2}} M \frac{E}{2}$$

と表すことができる．この式を用いれば，三角波 – 正弦波PWMの102ページの式とまったく同じ形式になる．

このようにベクトル軌跡を円に近似すれば，出力の三相電圧は正弦波に近似される．実際に適用する場合には，ベクトルの選択順序を考慮する必要がある．すなわち，ベクトル間の移動距離が最小になるように，次のベクトルを選択する必要がある．これをベクトルの選択則で表す．

ベクトルの選択則とは，位相区間 $\pi/6$ ごとに，その位相で使う三つのベクトル（主ベクトル，従ベクトル，ゼロベクトル）に分類し，それらのベクトルを出力した後の次に移動できるベクトルに制約をもたせることである．3種類のベクトルの定義を表7.1に示す．主ベクトルは，その位相区間ではいつでも使用できる．主ベクトルの次には，3種のいずれのベクトルも選択可能である．従ベクトルはゼロベクトルの次には出力できないという制約がある．また，従ベクトルの次にもゼロベクトルは選択できない．ゼロベクトルは，(000)，

7章 PWM制御

表7.1 3種類のベクトルの定義

主ベクトル	その位相区間では制約なしに使える
従ベクトル	ゼロベクトルの前後には出力できない
ゼロベクトル	主ベクトルの前後にのみ出力できる．いずれか一つのゼロベクトルを用いる

（111）のうちの近いほうを用いる．また，ゼロベクトルは必ず主ベクトルの前後に選択される．このベクトルの遷移規則の例を，表7.2に示す．つまり，（110）の次の選択は（100）であればよいが，（101）にはしない．各位相ごとの主ベクトル，従ベクトル，ゼロベクトルを図7.14に示す．

表7.2 ベクトルの選択則（主ベクトルを（100）とした例を示す）

主ベクトル （100）	⇒	主ベクトル （100）
	⇒	従ベクトル （110）
	⇒	ゼロベクトル （000）
従ベクトル （110）	⇒	主ベクトル （100）
	⇒	従ベクトル （110）
ゼロベクトル （000）	⇒	主ベクトル （100）
	⇒	ゼロベクトル （000）

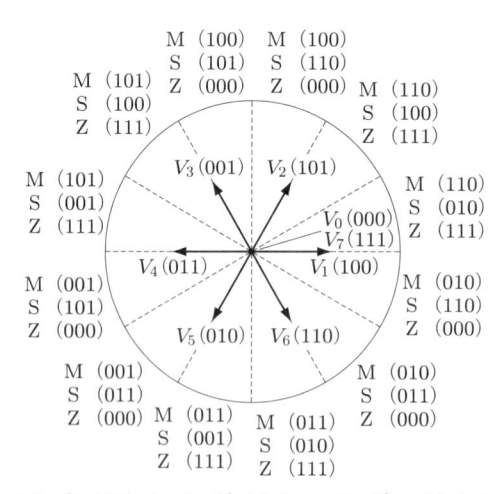

M：主ベクトル，S：従ベクトル，Z：ゼロベクトル

図7.14 各位相での主ベクトル，従ベクトル，ゼロベクトルの組み合わせ

7.2 空間ベクトル法

　この選択則を用いると，スイッチング周期ごとにインバータの一つのアームだけオンオフ動作させることになる．理想スイッチであれば，二つのアームのオンオフを同時に動作することができるが，スイッチング時間の差による短時間の短絡，サージなどが発生する可能性がある．選択則を用いずに2アームを同時にオンオフさせてベクトルを選択すると，図7.15に示すような逆極性のパルスが線間電圧に発生してしまう．

　空間ベクトル法により出力する実際の波形の例を，図7.16に示す．図では，線間電圧，ベクトル軌跡および電圧スペクトルを示している．

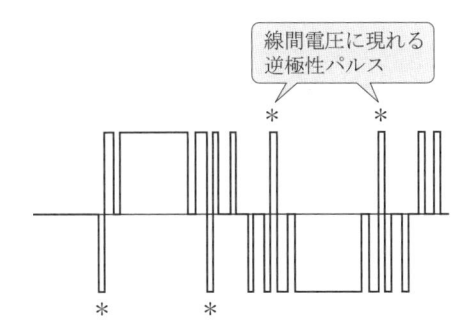

図7.15　線間電圧に現れる逆極性パルス

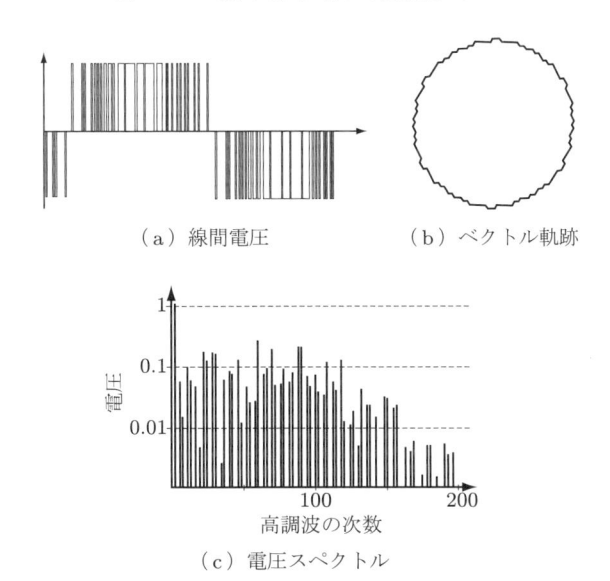

（a）線間電圧　　（b）ベクトル軌跡

（c）電圧スペクトル

図7.16　出力波形の例

7.3 追従制御法

追従制御法は，ヒステリシス制御法（hysteresis control）ともよばれるPWM制御方式である．原理を図7.17に示す．インバータの出力している電流をフィードバックし，出力すべき正弦波の電流波形 i^* と，実際の電流波形を比較して追従する方式である．指令値 i^* に対し，実際の電流値 i がヒステリシス幅 $\pm \Delta i$ を超えると，オンまたはオフが行われる．$\pm \Delta i$ を不感帯，またはヒステリシス幅などとよぶ．

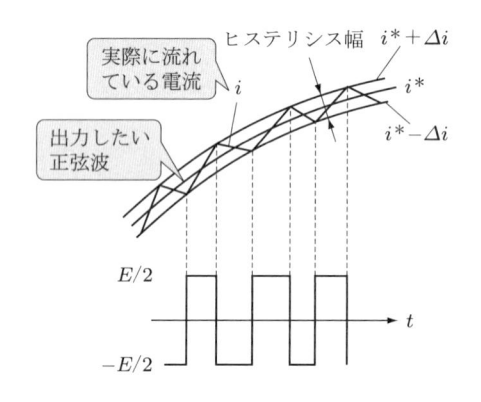

図7.17　追従制御法

制御回路を図7.18に示す．指令値とフィードバック値をヒステリシスコンパレータ（hysteresis comparator）で比較し，オンオフ信号を出力する．瞬時に制御できるので，瞬時値制御ともよばれる．通常は電流制御に使われるが，電圧，磁束などを指令値にすることも可能である．ただし，この方式はインバータの負荷が誘導性でないと使えない．さらに，負荷にフィルタを含む場合には，電流波形がフィルタにより位相遅れを生じるので注意を要する．

そのほか，高調波消去PWM方式とよばれる方式がある．これは，ある特定の高調波を消去できるインバータのPWMパルスパターンを事前に求めておく方式である．たとえば，基本波は所定の電圧で，第5高調波と第7高調波がゼロになるようなスイッチングパターンを求める．このとき，1/2周期で3パルス（点弧角は6個ある）の波形のオンオフパターンは計算で求めることができる．PWMパルス数を増やせば，消去できる高調波の数が増える．ただ

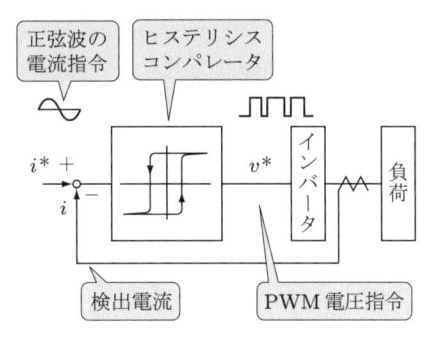

図7.18　追従制御回路

し，これを求める連立方程式は非線形方程式であり，オフラインで計算したとしても，パルス数が多くなると現実的な計算ではなくなる．しかし，インバータ制御用のマイコンの能力が低くても，あらかじめ計算したパターンを記憶して出力可能である．パワー半導体デバイスの速度が遅かった時代には，よく使われた方式である．波形を求める場合，高調波をゼロにするという条件以外に，パルス脈動を最小にするなどの評価関数も用いられた．

7.4　出力電圧の増加と過変調制御

インバータの出力電圧を高くするには，インバータ回路へ入力する直流電圧を高くすればよい．直流回路に昇圧チョッパを備えれば，望みの電圧が出力できる．しかし，昇圧チョッパのコストおよび損失などの問題も発生する．本節では，制御のみで出力電圧を増加させる制御方法について説明する．

三角波-正弦波PWM方式では，正弦波と三角波の振幅が等しいときを変調率 $M=1$ と定義している．このとき，出力線間電圧の基本波実効値は，

$$V_1 = \sqrt{\frac{3}{2}} M \frac{E}{2}$$

である．つまり，最大値 $M=1$ としても，AC 200 V を入力したとき，基本波は実効値換算で 172 V しか出力できない．商用電源を整流してインバータ回路を動作させても，入力した交流電圧より低い電圧しか出力できないのである．モータを高速に回転させるために高い周波数を出力できても，電圧には上限がある．そこで，モータに印加する電圧を高くするための制御法が考えられている．

7.4.1 過変調 PWM 制御

図 7.19 に，過変調 PWM 制御の原理を示す．過変調 PWM 制御とは，三角波 - 正弦波 PWM 制御において，変調波信号の正弦波の振幅 E_s を，三角波キャリア信号の振幅 E_c より大きくすることである．これにより正弦波の最大値である位相角 90 度付近のパルスが連続し，オン時間が長くなる．そのため，出力電圧が増加する．三角波 - 正弦波 PWM 制御では，変調比が $0 < M = E_s/E_c \leq 1$ の範囲で PWM 出力波形に含まれる基本波成分（正弦波指令と同じ周

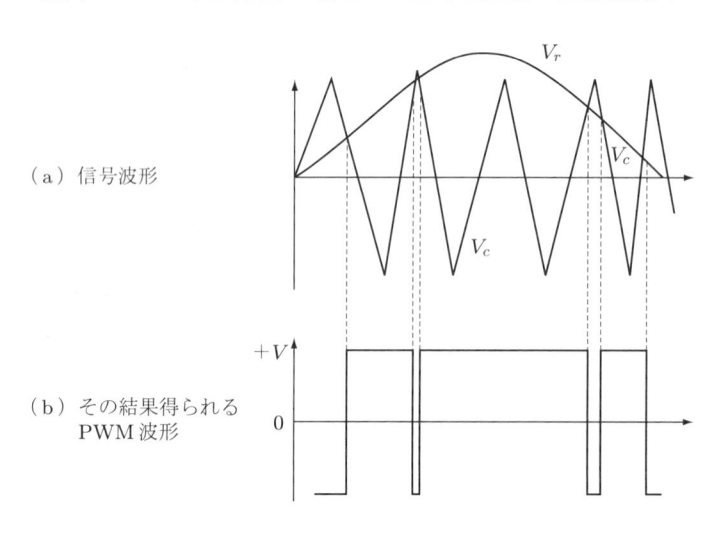

(a) 信号波形

(b) その結果得られる PWM 波形

図 7.19 過変調 PWM 制御

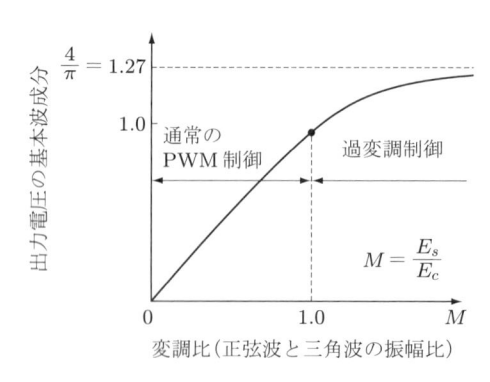

図 7.20 三角波 - 正弦波での過変調 PWM 制御

波数成分）は，変調比 M に比例する．過変調 PWM 制御とは，$M>1$ の領域での制御である．図 7.20 に，三角波 - 正弦波 PWM において変調比 M と出力する基本波の関係を示す．$M>1$ の領域では，基本波成分と正弦波の振幅指令である M は比例しなくなる．M をどんどん大きくしていくと，出力基本波は大きくなるが，出力電圧と M は比例しなくなるので，出力電圧の制御は難しい．

出力電圧を高くするために過変調 PWM 制御を進めていくと，最終的には常時オンとなり，矩形波となる．

空間ベクトル法 PWM の場合，111 ページに示したように，1 周期に含まれているゼロベクトルの出力時間の比率を用いた変調率を M とすると，出力電圧の基本波は三角波 - 正弦波 PWM と同様に，次のように表される．

$$V_1 = \sqrt{\frac{3}{2}} M \frac{E}{2}$$

ただし，このとき $0<M<4/\pi$ である．すなわち，図 7.21 に示すように，空間ベクトル法 PWM では，変調率と出力電圧の基本波は全範囲で比例関係になる．空間ベクトル法 PWM では，$M=4/\pi$，すなわちゼロベクトルがまったく含まれていない $\gamma=0$ の場合，磁束ベクトル軌跡は六角形になり，出力波形は矩形波となる．

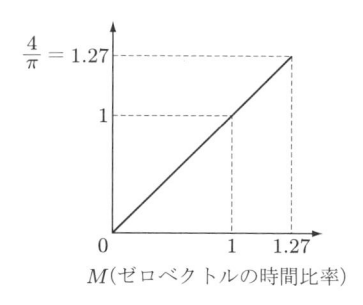

図 7.21　空間ベクトル法での過変調 PWM 制御

過変調 PWM 制御のそのほかの方法として，正弦波に 3 次高調波を重畳した波形で変調する方式がある．いま，変調波を

$$e_{mod} = E_r \left(\sin \omega t + \frac{1}{6} \sin 3\omega t \right)$$

7章 PWM制御

とする．この変調波は，図 7.22 に示すような台形のような形である．このとき，変調波の最大値は $\sqrt{3}E_r/2 = 0.866E_r$ となり，正弦波のみの場合より大きくなって，約 1.2 倍の基本波が出力できる．この変調波を用いて変調率 M を $M=E_r/E_c$ とした場合，$M=1$ で出力基本波は $2/\sqrt{3}=1.15$ 倍となる．三相の場合，変調波に重畳した3次高調波は線間電圧には現れないので，高調波への影響はないと考えてよい．

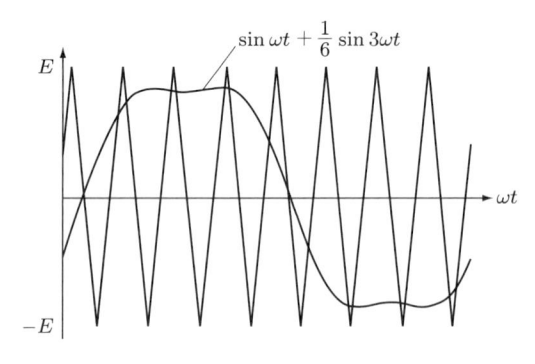

図 7.22　3次調波注入 PWM

7.4.2　ワンパルス制御

　ワンパルス制御とは，PWM 波形ではなく，過変調 PWM 制御の最大値である矩形波の電圧を出力させる制御である．PWM 制御の原理から，三角波 - 正弦波 PWM 制御で $M=1$ のときの最大出力電圧に対して，矩形波は $4/\pi=1.27$ 倍の基本波成分を出力できる．これは，空間ベクトル型 PWM において，ゼロベクトルをまったく出力しない場合と同じである．

　この場合，各相は 180 度導通しており，線間電圧は 120 度導通することになる．ただし，同期モータを駆動する場合，進角制御†をする．また，誘導モータでもトルク制御（電流制御）を行う場合がある．このようなときには，矩形波電流波形の位相を制御する必要がある．

　ワンパルス制御の波形を図 7.23 に示す．また，通常の PWM 制御，過変調 PWM 制御およびワンパルス制御をどのように組み合わせるかの例を，図 7.24 に示す．過変調 PWM 制御，ワンパルス制御とも通常の PWM 制御よ

---

† 同期モータでは回転子の界磁磁極とモーターコイルに流れる電流は同一周波数であるが，互いに位相差をもつ．この位相差を制御することを進角制御とよぶ．

りパルスの数が少なくなるので，電流制御などの制御性は劣る．しかし，基本波電圧が高くなるので，通常の PWM 制御のみを行う場合よりも運転領域が広がるのがわかる．

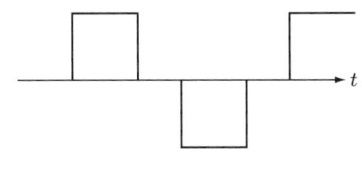

図 7.23　ワンパルス制御

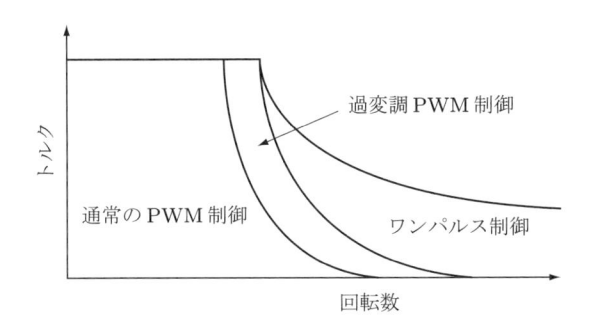

図 7.24　過変調 PWM 制御による出力電圧の増加

7.5 インバータの出力波形とフーリエ級数

インバータの出力電圧波形は，パルスの組み合わせ波形である．つまり，正弦波ではない歪み波形である．このような非正弦波を取り扱う場合，含まれている高調波に注意して波形を取り扱う必要がある．高調波を取り扱うためには，波形をフーリエ級数展開する．フーリエ係数はスペクトルの高さとして扱うことができる．

7.5.1　フーリエ級数への展開

フーリエ級数とは，時間領域の周期関数を正弦波の級数で表すものである．周期 2π の関数 $y = f(\theta)$ は，次のように表すことができる．

$$f(\theta) = \frac{a_0}{2} + \sum_{n=1}^{\infty}(a_n \cos n\theta + b_n \sin n\theta) \qquad (n = 1,\ 2,\ 3,\ \cdots)$$

ここで，

$$a_0 = \frac{1}{\pi}\int_0^{2\pi} f(\theta)\,d\theta$$

$$a_n = \frac{1}{\pi}\int_0^{2\pi} f(\theta)\cos n\theta\,d\theta$$

$$b_n = \frac{1}{\pi}\int_0^{2\pi} f(\theta)\sin n\theta\,d\theta$$

である．これを図で示すと，図 7.25 のようになる．フーリエ級数展開すると，元の波形は時間的に変化しない $a_0/2$ と周期 θ の正弦波，周期 2θ の正弦波，周期 3θ の正弦波を順次加えていったもので表されることになる．このとき，周

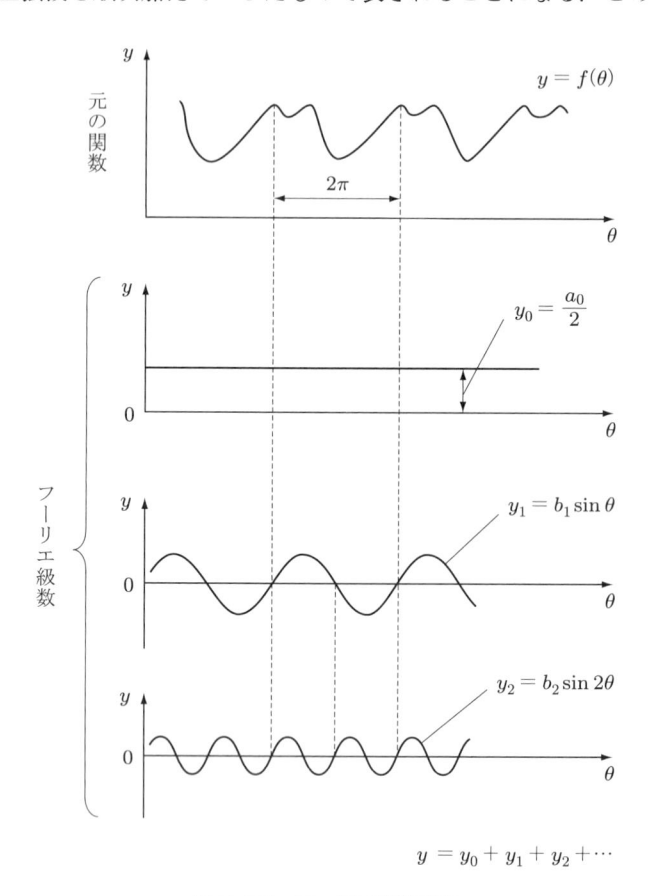

図 7.25 フーリエ級数展開

期 θ の正弦波を基本波，n が 2 以上の周期をもつ正弦波を高調波とよぶ．ここで，$\theta = \omega t$ と置けば，それぞれの正弦波を角周波数で表すことができる．また，a_0 は直流分であり，交流電力の場合，$a_0 = 0$ である．

横軸を正弦波の周期（角周波数），縦軸をそれぞれの周期の正弦波の振幅として，各成分を棒グラフで表したものを図 7.26 に示す．このような図をスペクトルという．フーリエ級数展開することにより，時間領域で表していた波形が周波数領域で表されるようになる．このような変換，操作を，数学では写像とよんでいる．

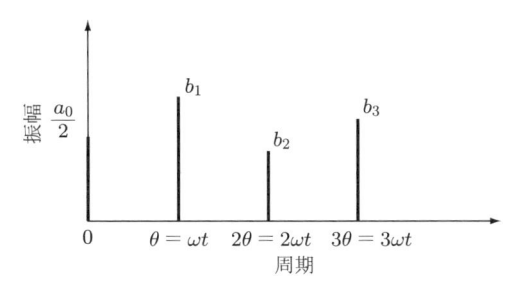

図 7.26 スペクトル

次に，波形の対称性に関して説明する．フーリエ級数は，波形の対称性により簡単に求めることができる．ここでは，偶関数，奇関数および半周期対称について説明する．

偶関数とは，
$$f(\theta) = f(-\theta)$$
の場合で，図 7.27(a) に示す．y 軸に関して対称な波形である．偶関数の場合，フーリエ級数は，

$$a_0 = \frac{1}{\pi} \int_0^{\pi} f(\theta) \, d\theta$$

$$a_n = \frac{2}{\pi} \int_0^{\pi} f(\theta) \cos n\theta \, d\theta$$

$$b_n = 0$$

となる．定積分は半周期で行い，2 倍すればよい．さらに，$b_n = 0$ なので，cos 関数だけの級数で表すことができる．

7章　PWM制御

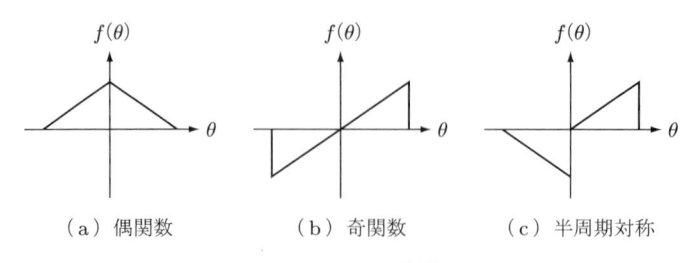

（a）偶関数　　　　（b）奇関数　　　　（c）半周期対称

図7.27　波形の対称性

奇関数とは，
$$f(\theta) = -f(-\theta)$$
の場合で，原点に対して対称な波形である．これを図(b)に示す．奇関数の場合は，
$$a_n = 0$$
$$a_0 = 0$$
$$b_n = \frac{2}{\pi}\int_0^\pi f(\theta)\sin n\theta d\theta$$
となり，sin関数のみの級数となる．さらに，直流成分を示す平均値 a_0 もゼロになる．

半周期対称とは，
$$f(\theta) = -f(\theta - \pi)$$
となる図(c)に示すような波形である．このような反転した繰り返し波形の場合，奇数次の周波数成分のみで波形を表すことができる．また，直流成分もゼロとなる．
$$a_0 = 0$$
$$a_n = \frac{2}{\pi}\int_0^\pi f(\theta)\cos n\theta d\theta$$
$$b_n = \frac{2}{\pi}\int_0^\pi f(\theta)\sin n\theta d\theta \quad (n = 1, 3, 5, \cdots)$$

このように，あらゆる電圧・電流波形は，フーリエ級数により正弦波の合成で表される．

7.5.2 インバータの出力波形とフーリエ級数

実際のインバータの出力波形をフーリエ級数展開すると，どのようになるかを説明する．いま，図7.28のようなオンオフ波形を考えてみる．波形を式で表すと，次のようになる．

$$f(\theta) = 1 \quad (0 < \theta < \pi)$$
$$f(\theta) = -1 \quad (\pi < \theta < 2\pi)$$

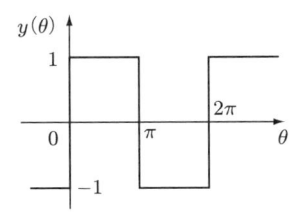

図7.28 電圧波形

この波形をフーリエ級数展開する．図7.28は交流波形なので，$a_0 = 0$である．また，奇関数なので，$a_n = 0$である．したがって，フーリエ係数は次のように表される．

$$b_n = \frac{2}{\pi}\int_0^\pi f(\theta)\sin n\theta d\theta = \frac{2}{k\pi}(1 - \cos k\pi)$$

このとき，

$$\cos k\pi = -1 \quad (k が奇数の場合)$$
$$\cos k\pi = 1 \quad (k が偶数の場合)$$

なので，

$$b_n = k\pi \quad (k は奇数)$$

となる．すなわち，

$$f(\theta) = \frac{4}{\pi}\left(\sin\theta + \frac{1}{3}\sin 3\theta + \frac{1}{5}\sin 5\theta + \cdots\right)$$

となる．高調波の振幅はそれぞれの次数の逆数となり，さらに，奇数次の高調波しか出現しない．周期波形が十分長い時間連続していれば，奇数次の高調波のみ考慮すればよい．

次に，図7.29に示すような，正負に非対称な波形の場合について説明する．この波形は交流であるが，直流分が重畳している（このような場合，直流バイ

7章 PWM制御

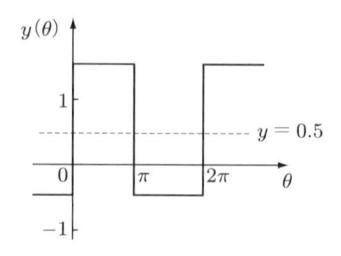

図7.29 直流分を含む場合

アスがかかっているという）．この波形のフーリエ級数展開は，次式のようになる．

$$f(\theta) = \frac{1}{2} + \frac{4}{\pi}\left(\sin\theta + \frac{1}{3}\sin 3\theta + \frac{1}{5}\sin 5\theta + \cdots\right)$$

すなわち，正負が非対称なことは，直流分として考えることができる．

さらに，図7.30に示すような波形について述べる．この波形は，対象とする期間では周期性および対称性がない．このような場合，直流分や偶数次の高調波成分が含まれる．すなわち，フーリエ級数で表すと，

$$f(\omega t) = \frac{a_0}{2} + a_1 \sin\omega t + a_2 \sin 2\omega t + a_3 \sin 3\omega t + \cdots$$

となる．インバータの出力波形に直流分や偶数次高調波が含まれている場合，出力波形に問題がある場合が多い．そのため，インバータの出力波形を検討する場合，フーリエ級数に展開して考えられるので，スペクトルによる評価が行われる．

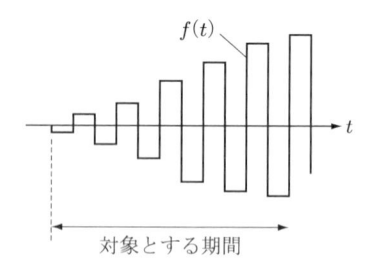

図7.30 偶数次の高調波を含む波形

7.5 インバータの出力波形とフーリエ級数

テーブルを気にします

1980年ごろは，8ビットマイコンを使ってバイポーラトランジスタを2kHzくらいでスイッチングさせるインバータの全盛期でした．当時のPWM制御というのは実時間で制御できず，もっぱらテーブル参照方式（look-up table）が使われていました．

マイコンはインバータの出力すべき電圧および周波数を演算し，該当するPWM波形をROMから読み出して出力していました．当時のマイコンの演算能力からは，バイポーラトランジスタのスイッチングといえどもリアルタイムで処理する能力はありませんでした．

インバータのマイコンには必ず外付けROMが付いていた時代がありました．最近では，高度な制御にまたこのテーブル参照方式が用いられるようになってきました．DSP（digital signal processor）の計算能力を超えるので，あらかじめ計算したデータテーブルを参照するのです．温故知新といいますが，時代が変わるとまた同じようなものが使われるようです．

8章 インバータの回路理論

インバータ回路は，直流と交流が同一の回路内で混在している．そのため，一つの回路で直流回路理論と交流回路理論を適用する必要がある．さらに，インバータの出力する波形はPWM波形であり，正弦波でない．正弦波を扱う交流理論がそのまま使えない場合がある．

しかし，インバータの回路を考えるためのすべての基本は，直流も交流も含めた電気回路理論である．インバータ特有の回路，現象について，ほとんどは電気回路理論を用いて説明することが可能である．そこで，本章ではインバータに関係する回路現象を取り上げ，電気回路の理論により説明し，その実際の取り扱いについて述べる．また，インバータに特有の接地についての基本も述べる．

8.1 中性点電位の変動

インバータの出力する三相交流は正弦波ではない．そのため，インバータに特有な三相回路の現象が生じる．それが中性点電位の変動である．

インバータの主回路と負荷の関係を，図8.1に示す．直流電源の中性点を仮想の接地電位と考え，ゼロ電位とする．したがって，電源電圧は $\pm E/2$ と

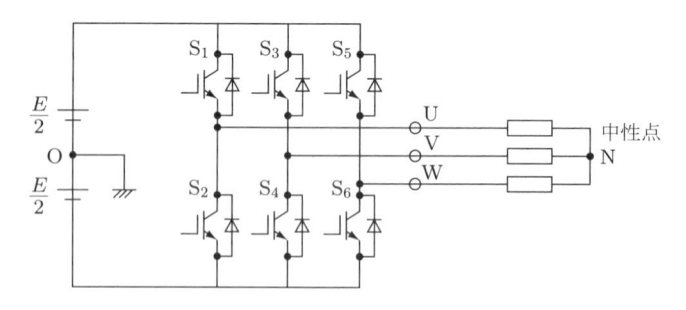

図8.1 インバータ回路と負荷

8.1 中性点電位の変動

なる．三相負荷の中性点をNとする．Nは非接地である．いま，インバータが6ステップ動作して180度導通しているとする．このとき，インバータの出力端子U，V，Wと電源の中性点Oの間の電圧が，インバータの相電圧である．インバータの出力する相電圧は，振幅 $\pm E/2$ で180度導通の波形である．このときの各部の電圧を図8.2に示す．

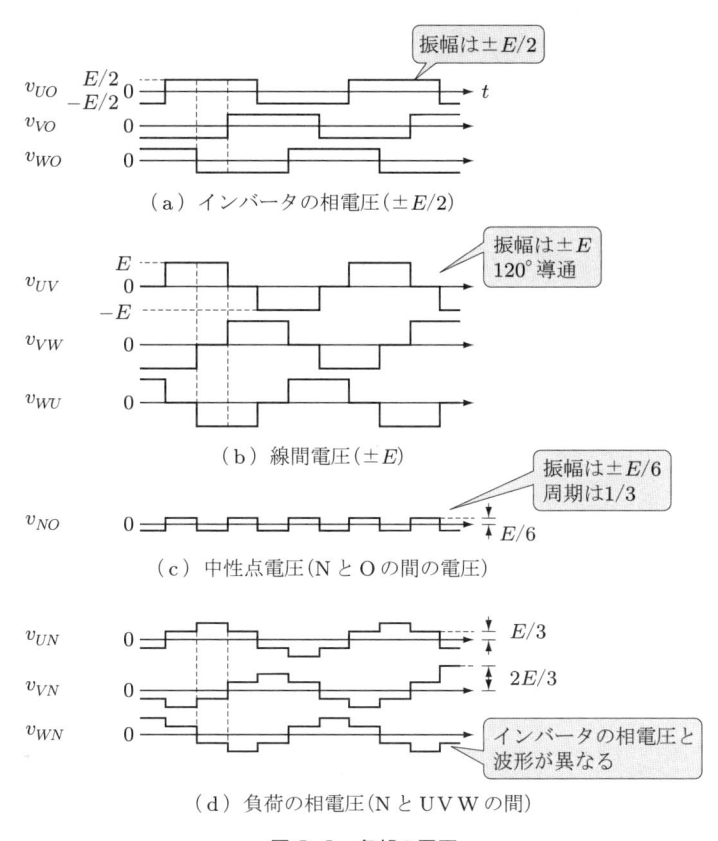

図8.2 各部の電圧

インバータの三相出力の線間電圧は，図(a)に示す相電圧の差である．したがって，線間電圧の振幅は図(b)に示すように $\pm E$ である．しかし，ゼロの期間が生じるので120度導通となる．その結果，図(c)に示すように，負荷の中性点Nと電源の中性点Oとの間に電位差が生じてしまう．負荷の中性点の電位は，振幅 $E/6$ で1周期中に6回変動している．つまり，出力周波数の3倍の周波

数で変動している．さらに，図(d)に示す負荷の相電圧は，U，V，Wと負荷の中性点Nとの電位差であるから，インバータ出力の相電圧とは波形が異なる．

中性点電位の変動がなぜ起きるかを説明する．三相負荷が平衡しているとすれば，$Z_u = Z_v = Z_w = Z$と考えることができる．すると，負荷とインバータの接続状態は図8.3に示すような二つのモードのいずれかと考えることができる．いずれのモードでも，電流Iは次のようになる．

$$I = \frac{E}{Z + Z/2} = \frac{2E}{3Z}$$

このとき，負荷の中性点Nの電源の中性点Oに対する電位は，図(a)の場合，次のようになる．

$$E_{NOa} = -\frac{E}{2} + Z \cdot I = \frac{E}{6}$$

同様に，図(b)の場合は

$$E_{NOb} = -\frac{E}{2} + \frac{Z}{2} \cdot I = -\frac{E}{6}$$

となる．すなわち，負荷の中性点の電源の中性点に対する電位は，スイッチが切り換わるたびに$\pm E/6$で変動する．

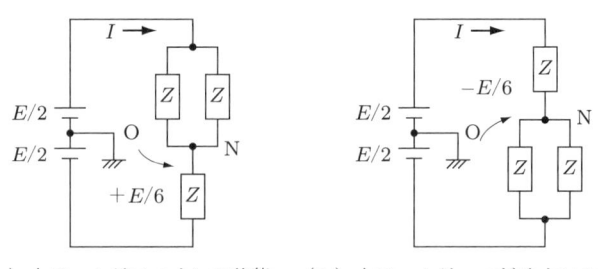

(a) 上アームが二つオンの状態　　(b) 上アームが一つだけオンの状態

図8.3　負荷と電源の関係

このように，インバータに接続された三相平衡負荷の中性点の電位は，電源周波数の3倍で直流電圧Eの1/6の振幅で変動する．正弦波の三相交流の場合には，このような中性点電位の変動は生じない．このため，インバータで駆動するモータの中性点を接地すると，中性点電位の変動による電流が接地に流れ込んでしまう．通常，インバータで駆動するモータの中性点は非接地（フロー

ティング) で用いる. モータがデルタ結線の場合, 中性点が存在しないのでこのような問題は発生しない.

中性点電位の変動は, 後述する軸電流の原因にもなるので注意が必要である.

8.2 歪み波形の交流回路理論

インバータの出力する交流波形は, 振幅が直流電圧と等しいパルス波形である. パルスの組み合わせにより, 望みの交流電力を合成している. すなわち, インバータの出力波形は非正弦波であり, 高調波を含んだ歪み波形である.

歪み波形を取り扱う場合, 電圧, 電力などの諸量は定義に立ち戻って考える必要がある. さらに, フーリエ級数展開により周波数分析を行い, 周波数ごとに取り扱う必要もある.

8.2.1 実効値と平均値

実効値と平均値は, 歪み波形を量的に表すのに有効である. それぞれの定義を以下に示す. ここで, 電圧は時間の関数 $v(t)$ で表され, 周期 T であるとする. 平均値 V_{ave} は,

$$V_{ave} = \frac{1}{T}\int_0^T v dt$$

実効値 V_{eff} は,

$$V_{eff} = \sqrt{\frac{1}{T}\int_0^T v^2 dt}$$

である.

いま, 図8.4(a)で表される波形の平均値を求めてみると,

$$V_{ave} = \frac{1}{T}\int_0^T v dt = \frac{1}{2\pi}\int_0^{2\pi} E d\theta = 0$$

となり, 1周期の平均がゼロとなる. このような場合, 1/2周期の波形を考えた, 半周期平均値が使われる. ここで, これを V_{mean} とよぶことにする. このとき, V_{mean} は,

$$V_{mean} = \frac{2}{T}\int_0^{T/2} v dt = \frac{1}{\pi}\int_0^{\pi} E d\theta = E$$

となり, 半周期の波形の囲む面積となる. 一方, 実効値は

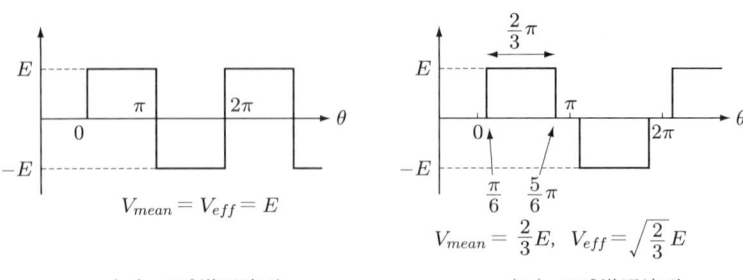

8 章　インバータの回路理論

（a）180°導通波形　　　　　　（b）120°導通波形

図 8.4　実効値と平均値

$$V_{eff} = \sqrt{\frac{1}{2\pi}\int_0^{2\pi} v(\theta)^2 d\theta} = \sqrt{\frac{1}{2\pi}\int_0^{2\pi} E^2 d\theta} = E$$

となり，半周期平均値と実効値は等しくなる．

また，図(b)で表される波形の平均値も，

$$V_{ave} = \frac{1}{T}\int_0^T v dt = \frac{1}{2\pi}\int_0^{2\pi} E d\theta = 0$$

となり，1 周期の平均値はゼロである．半周期平均値 V_{mean} は

$$V_{mean} = \frac{2}{T}\int_0^{T/2} v dt = \frac{1}{\pi}\int_{\pi/6}^{5\pi/6} E d\theta = \frac{2}{3}E$$

となり，半周期の波形の囲む面積となる．一方，実効値は

$$V_{eff} = \sqrt{\frac{1}{2\pi}\int_0^{2\pi} v^2 d\theta} = \sqrt{\frac{1}{2\pi}\left(\int_{\pi/6}^{5\pi/6} E^2 d\theta + \int_{7\pi/6}^{11\pi/6} E^2 d\theta\right)} = \sqrt{\frac{2}{3}}E$$

となり，半周期平均値と異なる．このように，歪み波形の電圧の場合，実効値，平均値などの値は波形によって異なる．

いま，$v(t)$ が次のようなフーリエ級数で表されるとする．

$$v(t) = V_0 + \sum_{n=1}^{\infty} \sqrt{2} V_n \sin(n\omega t + \varphi_n)$$

このとき，$v(t)$ の実効値 V_{rms} は次のように表される．

$$V_{rms} = \sqrt{\frac{1}{T}\int_0^T \{v(t)\}^2 dt} = \sqrt{V_0^2 + V_1^2 + V_2^2 + \cdots} = \sqrt{V_0^2 + \sum_{n=1}^{\infty} V_n^2}$$

つまり，実効値は各次数の高調波の 2 乗の和の平方根となる．これは RMS 和[†]

[†] 平方和（root mean square）

ともよばれる．

一方，$v(t)$ の平均値 V_{ave} や V_{mean} は，波形にかかわらず時間波形の区間内の波形の囲む面積である．したがって，平均値はフーリエ級数に展開しなくても求めることができる．

8.2.2 電 力

ここでは，交流の電力について，正弦波，歪み波を問わず基本となることを述べる．

電力とは，負荷により消費される電力である．一般に次のように表される．

$$p = e \cdot i$$

ここで，p は負荷により消費される電力，e は負荷の電圧，i は負荷電流である．このとき，p を瞬時電力という．交流の場合，電圧と電流に位相差がある．そのため，瞬時電力の概念に加え，負荷で消費される有効電力（active power；単位は W）という概念に加えて，負荷で消費されない各種の電力の概念が加わる．図 8.5 に示すように，電圧と電流に θ の位相差があった場合，有効電力は次のようになる．

$$P = E \cdot I \cos\theta$$

ここで，P は有効電力，E は e の実効値，I は i の実効値，θ は電圧と電流の位相差である．瞬時電力波形を見ると，交流周波数の 2 倍の周期で変動してい

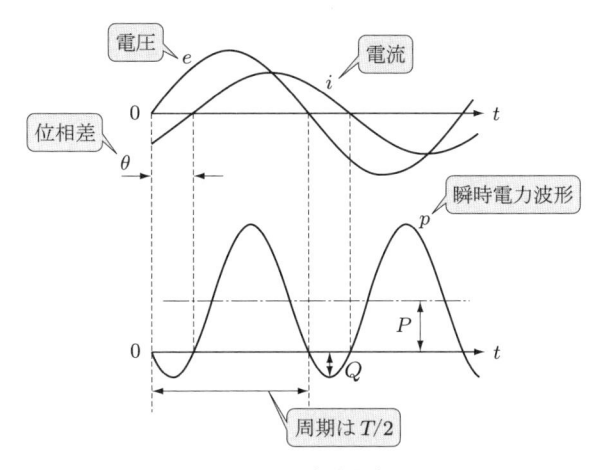

図 8.5 交流電力

ることがわかる．このとき，電圧実効値 E と電流実効値 I の積 $EI=S$ を皮相電力（apparent power；単位は VA）という．力率（power factor）は皮相電力のうちの有効電力の割合を示している．また，$I\cos\theta$ を電流の有効分といい，電圧 e と同相である．$I\sin\theta$ は電流の無効分とよばれる．

インダクタンスやキャパシタンスは電力を消費しないが，エネルギーを蓄積，または放出する．このとき，インダクタンス，キャパシタンスは電源とエネルギーを授受することになる．インダクタンス，キャパシタンスが電源と授受する電力は無効電力（reactive power）であり，次のように表される．

$$Q = E \cdot I \sin\theta$$

ここで，Q は無効電力であり，単位は var である†．

皮相電力，有効電力および無効電力は次の関係がある．

$$S = \sqrt{P^2 + Q^2}$$

三相交流の場合，電力は各相の単相電力の和となる．以上をまとめたものを，表 8.1 に示す．

表 8.1　電力の定義

直　流	直流電力	$P = E \cdot I$
単相交流	有効電力	$P = E \cdot I \cos\theta$
	無効電力	$Q = E \cdot I \sin\theta$
	皮相電力	$S = \sqrt{P^2 + Q^2} = E \cdot I$
	力　率	$\cos\theta = P/S$
三相交流	有効電力	$P = 3E \cdot I \cos\theta$
	無効電力	$Q = 3E \cdot I \sin\theta$
	皮相電力	$S = \sqrt{P^2 + Q^2} = 3E \cdot I$
	力　率	$\cos\theta = P/S$

注）三相の E は相電圧である．

8.2.3　歪み波の電力

歪み波形の電圧を負荷に印加すると，その結果流れる電流も歪み波形となる．すなわち，電圧・電流とも次のように表されることになる．

$$v(t) = V_0 + \sum_{n=1}^{\infty} \sqrt{2} V_n \sin(n\omega t + \varphi_n)$$

---

† var は volt ampere reactive の頭文字といわれている．バールと読む．

$$i(t) = I_0 + \sum_{n=1}^{\infty} \sqrt{2} I_n \sin(n\omega t + \varphi_n + \theta_n)$$

このとき，歪み波の有効電力 P は次のようになる．

$$P = \frac{1}{T}\int_0^T p(t)\,dt = \frac{1}{T}\int_0^T v(t)\cdot i(t)\,dt$$

$$= V_0 I_0 + V_1 I_1 \cos\varphi_1 + V_2 I_2 \cos\varphi_2 + \cdots$$

$$= V_0 I_0 + \sum_{n=1}^{\infty} V_n I_n \cos\varphi_n$$

この式の意味するところは，歪み波の電力は同じ周波数成分の電圧と電流の間の有効電力の総和になるということである．電圧・電流の双方に含まれる次数の高調波のみが電力に含まれるということである．つまり，電圧または電流のいずれかが正弦波であれば，高調波は有効電力とならず，基本波のみを電力として考慮すればよいことになる．

また，歪み波の皮相電力は

$$S = E \cdot I = V_{rms} \cdot I_{rms}$$

となる．歪み波の総合力率 PF は，

$$PF = \frac{P}{S} = \frac{P}{E \cdot I}$$

となる．総合力率とは，歪み波の場合，高調波を含んだ力率である．また，基本波力率は，電圧の基本波 V_1 と電流の基本波 I_1 の位相差であり，$\cos\theta_1$ である．

8.2.4 歪み率

波形が高調波を含んでいるとき，歪んでいるという．歪みの程度を，歪み率により表す．歪み率は機器，用途によってさまざまな定義があるので，ここではインバータ分野で使われる歪み率を中心に説明する[†]．

(1) 電力系統に流出している高調波を表すときに用いられる歪み率

電力系統でいう歪み率とは，電流に含まれる高調波成分の割合を指している．現在の高調波の規格の考え方では，対象とする高調波は 40 次までとしている．ここで用いる総合歪み率（THD；total harmonic distortion）は，

[†] オーディオ分野などで機器の音の再現性にも使われている．分野によっては狂率という場合もある．

$$THD = \frac{\sqrt{\sum_{k=2}^{40} I_k^2}}{I_1}$$

で表される.この式は,基本波電流 I_1 に対して,高調波電流の RMS 和がどの程度の割合であるかを示している.電圧の歪み率も同様に求めることができる.なお,電力系統での規格値は,総合歪み率で 5% 以下である.

(2) PWM 波形の評価に用いられる歪み率

電力系統で定義されている歪み率は 40 次までを対象にしているので,2 kHz または 2.4 kHz までの高調波を対象としている.したがって,IGBT を使用したインバータのスイッチング周波数成分の評価は含まれていない.インバータ出力の歪みを評価するためには,対象とする次数を高くすれば高周波まで扱える.しかし,インバータの出力波形の高調波は,周波数が高いほど負荷への影響が小さくなる.すなわち,モータなどの誘導性負荷は,周波数に応じてインピーダンスが増加するからである.したがって,次数ごとに現象への影響の大きさが異なる.

そこで,インバータの出力波形を評価するために,高調波の振幅を次数で割った I_k/k の RMS 和として評価したり,I_k^2/k の和として評価するなど,さまざまな歪み率が提案されている.

歪み波形の電気量の実際の測定は,10.1 節を参照していただきたい.

8.3 整流回路の理論

交流を直流に変換する回路を,整流回路という.また,交流を直流に変換する電力変換は,順変換とよばれている.ここでは,単相の整流回路を使って整流と平滑について説明する.

8.3.1 全波整流回路

ダイオードを使って交流の正負の両サイクルを利用する回路を,全波整流回路[†]という.全波整流回路を図 8.6 に示す.この回路では,交流が正の半サイ

[†] これに対し,交流の正または負の半サイクルのみ用いる回路を,半波整流回路という.

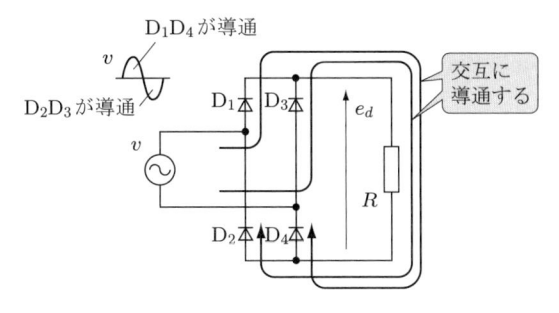

図 8.6　全波整流回路

クルでは D_1 と D_4 が導通し，負の半サイクルでは D_2 と D_3 が導通する．いま，交流電圧が次のように表されるとする．

$$v = \sqrt{2}V\sin\omega t$$

ここで，$\sqrt{2}V$ は交流電圧の波高値である．なお，R は直流負荷が消費する電力を表す負荷抵抗である．

このときの直流側の出力電圧 e_d は，図 8.7 に示すような波形になる．これは式で表すと，$e_d = |v|$ である．このとき，e_d の平均値 E_d は，次のように求めることができる．

$$E_d = \frac{1}{\pi}\int_0^\pi \sqrt{2}V\sin\theta\, d\theta = \frac{2\sqrt{2}}{\pi}V \approx 0.9V$$

この式に示す E_d が，利用できる直流電圧である．そのため，E_d を直流成分とよぶ場合がある．ここで，V は交流電圧の実効値であり，実効値の約 90% が直流成分として利用できる．しかし，時間波形 e_d は脈流であり，完全に直流に変換されたわけではない．

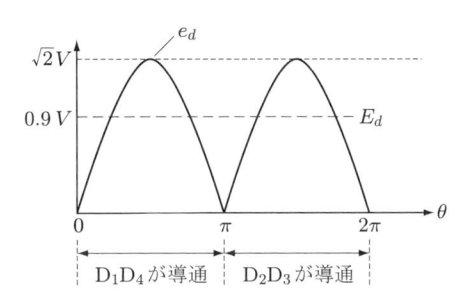

図 8.7　全波整流回路の出力波形

8章 インバータの回路理論

なお，全波整流回路をブリッジ回路とよぶことがある．単相，三相の半波，全波の整流回路の特性を，表 8.2 に示す．

表 8.2 各種整流回路の特性

回路方式	単相半波	単相全波	三相全波
出力相数	1	2	6
回路			
直流出力電圧	$0.45\,V$	$0.9\,V$	$1.35\,V$
直流電圧脈動率 (%)	$121(2f)$	$48(2f)$	$4.2(6f)$
素子電流平均値	I_d	$\frac{1}{2}I_d$	$\frac{1}{3}I_d$

V は入力交流の実効値，f は交流周波数（脈動の周波数）

8.3.2 コンデンサ入力型整流回路

全波整流回路で得られた脈流は，直流に平滑（smoothing）する必要がある．コンデンサで平滑化する場合，コンデンサ入力型整流回路とよぶ．全波整流回路と負荷抵抗 R の間にコンデンサ C を設ける．回路図を図 8.8 に示す．

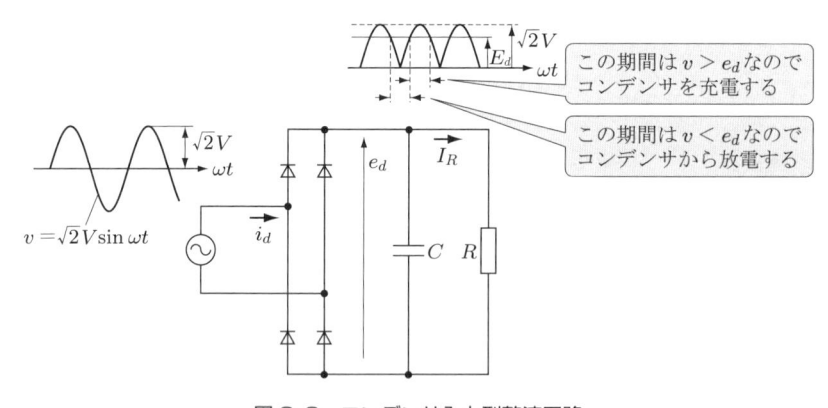

図 8.8 コンデンサ入力型整流回路

この回路では，全波整流回路の出力電圧が高いときにはコンデンサが充電される．同時に，負荷抵抗にもその電圧が印加される．また，全波整流回路の電圧が低いときには，コンデンサに充電された電圧が負荷に印加される．そのた

め，コンデンサの両端電圧は，図 8.9 に e_d で示すように，ΔE_d だけ変動する直流電圧になる．これを，電圧が平滑化されたという．このとき，ΔE_d を電圧リップル（ripple）という．電圧リップルは次のように表される．

$$\Delta E_d = \frac{I_R}{2fC}$$

ここで，I_R は負荷抵抗を流れる電流の平均値，f は交流の周波数，C はコンデンサの静電容量である．この式から，C が大きいほど電圧リップルは小さいことがわかる．なお，出力電圧の平均値 E_d は次のように表される．

$$E_d = \sqrt{2}V - \frac{1}{2}\Delta E_d = \sqrt{2}V - \frac{I_R}{4fC}$$

したがって，出力電圧は電流により変化することがわかる．

このとき，ダイオードを流れる電流 i_d は，交流電圧がコンデンサ電圧より高い期間だけ流れるため，図のようにパルス状になる．したがって，交流側の電流もパルス状になってしまう．これは，入力電流に高調波を多く含むことになり，総合力率が低下する．これはコンデンサ入力型整流回路の欠点である．

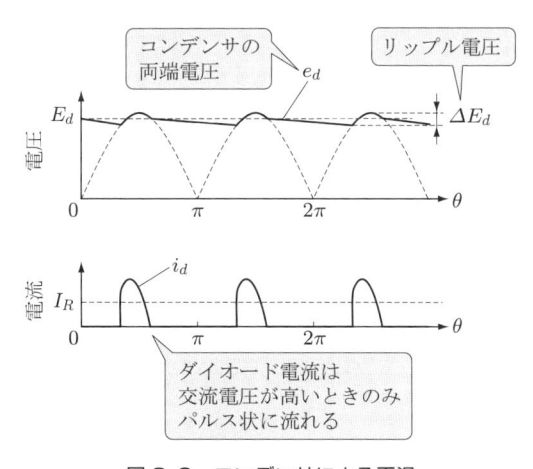

図 8.9 コンデンサによる平滑

8.3.3 チョーク入力型整流回路

直流側にリアクトルを設けた回路を，チョーク入力型整流回路とよぶ．チョーク入力型整流回路を図 8.10 に示す．

負荷電流がゼロの時には，直流電圧は交流電圧の波高値 $\sqrt{2}V$ に等しくなる．

8章 インバータの回路理論

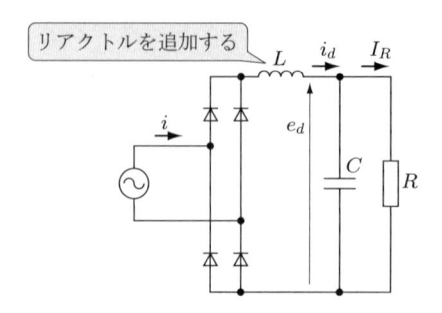

図8.10 チョーク入力型整流回路

しかし，負荷電流が増加すると急激に直流電圧は低下する．負荷が小さいと直流電流は断続してしまうが，ある程度の負荷になると直流電流は連続して流れる．このとき，直流電圧は次の式で表される．

$$E_d = \frac{2\sqrt{2}}{\pi}V - r_L I_R = 0.9V - r_L I_R \approx 0.9V$$

リアクトルの巻線抵抗 r_L が無視できるとすれば，出力電圧はほぼ一定と考えることができる．

　リアクトルのインダクタンスが十分大きいとする．リアクトルは電流の変化を小さくする作用があるので，リアクトルを流れる電流 i_d はほぼ負荷電流 I_R

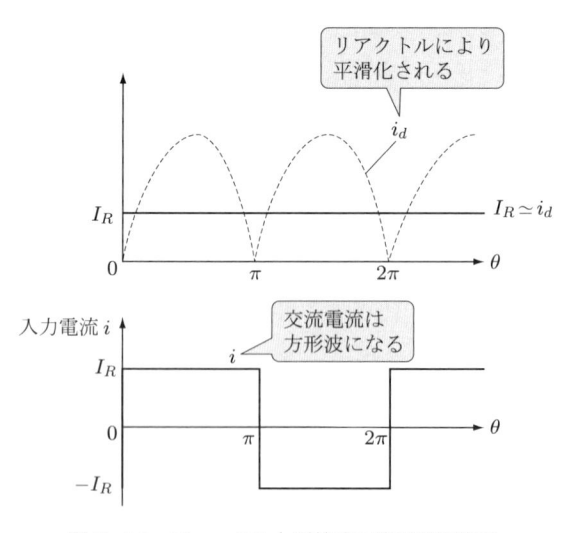

図8.11 チョーク入力型整流回路の電流波形

と同じ直流波形になると考えてよい．これを図8.11に示す．交流側の入力電流 i は，振幅が I_R の方形波となる．

以上に説明した二つの整流回路の直流電圧の負荷電流による変動を，図8.12に示す．

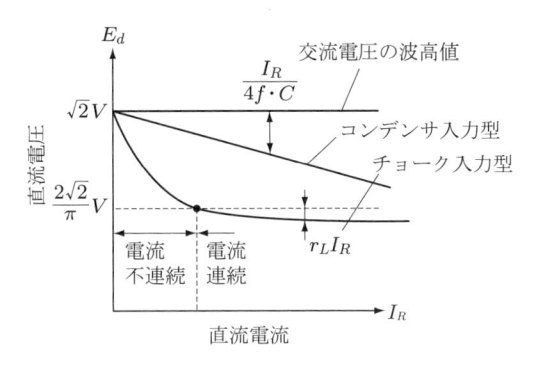

図8.12　直流電圧の変動

8.3.4　入力力率

ここで，図8.10で示したチョーク入力型整流回路の入力力率を求めてみよう．総合力率（PF；power factor）は，皮相電力と有効電力の比である．交流入力の有効電力 P は直流出力の有効電力と等しいので，次のように表される．

$$P = E_d I_R$$

直流電圧 E_d は，

$$E_d = \frac{1}{\pi}\int_0^{\pi} \sqrt{2}V\sin\theta d\theta = \frac{2\sqrt{2}}{\pi}V$$

となり，交流入力の電流の実効値は次のようになる．

$$I_{ACrms} = \sqrt{\frac{1}{\pi}\int_0^{\pi} i^2 d\theta} = i_d = I_R$$

入力の皮相電力は $V \cdot I_{ACrms}$ なので，総合力率 PF は

$$PF = \frac{P}{VI_{ACrms}} = \frac{E_d I_R}{VI_{ACrms}} = \frac{2\sqrt{2}}{\pi} \approx 0.9$$

となる．

8.3.5 倍電圧整流回路

家電などの単相 100 V 電源で用いるインバータでよく使われる倍電圧整流回路について述べる．図 8.13 に倍電圧整流回路を示す．

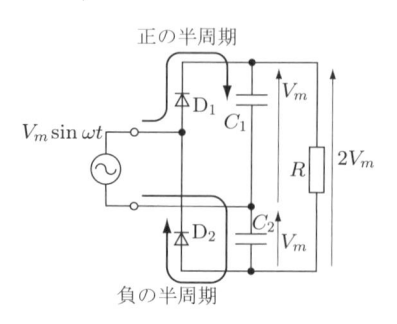

図 8.13　倍電圧整流回路

この回路の動作を説明する．交流電源の電圧が正の半周期には，D_1 が導通してコンデンサ C_1 を交流電圧のピーク値まで充電する．電源電圧の負の半周期には，D_2 が導通してコンデンサ C_2 を交流電圧のピーク値まで充電する．その結果，負荷 R には電源電圧の 2 倍の電圧を印加することができる．したがって，単相 100 V 入力でも直流電圧として 282 V が使用できるので，三相 200 V 定格のモータを駆動できるようになる．

8.4　対地電位と接地

電気エネルギーを利用するに際して，利用者の安全，雷からの保護などから接地が必要である．インバータは商用電源および負荷と接続しているが，内部の回路は接地されていないフローティングで用いる場合が多い．ここでは，インバータの接地に関することを述べる．

8.4.1　接地とは

接地とは，機器の筐体，電路の基準点などを大地と電気的に接続することである．接地のおもな目的は，感電防止および基準電位の確保である．基準電位の確保とは，必ずしも大地との接続を表すわけではない．表 8.3 に IEC 規格における接地記号を示す．各種の接地は大地との接続のほかに，金属導体への

8.4 対地電位と接地

表8.3 接地の図記号

図記号	名称	用途
⏚	earth (ground) 接地	目的を明確にできない 一般的なアース
(clean)	noiseless earth (clean ground) 無雑音接地	クリーン接地.周辺の機器からの ノイズを受けないような接地
(prot)	protective earth 保安用接地	感電・火災防止用の接地
frame	frame フレーム	電位の基準面として機器の フレームに接続する
↓	equipotentiality 等電位	複数の機器・システムを 同電位にする

接続による基準電位の確保も意味している.

通常,接地の目的は,商用周波数に対しては漏電,短絡などの安全を目的とし,落雷に対しては安全および電位上昇低下などを目的としている.ところがインバータの場合,商用周波数や雷以外に,スイッチングにより発生する高周波電流の接地が必要になる.つまり,スイッチングに伴う漏洩電流の流出経路を作る必要がある.これがないと,インバータの絶縁部分に静電気が蓄積し,人体を電撃する場合がある.

8.4.2 インバータの対地電位

図8.14に,通常のモータ駆動を想定したインバータ各部と大地電位の関係を示す.なお,ここでは単純化するためにコモンモードフィルタは除外して考える.

インバータに供給される交流には,三相,単相とも大地と同電位の接地相がある.インバータでは,ダイオードにより整流した直流をインバータブリッジに入力する.インバータは三相交流を出力し,モータに供給する.インバータ,モータの筐体は接地に接続されているとしても,内部の主回路は,すべて接地と接続されていないフローティングの状態である.モータの中性点も接地されていない.また,制御用のコンピュータは単相交流電源からは絶縁されているので,内部の信号は電源からフローティングしており,基準電位として内部にSG (signal ground) を設けている.コンピュータで作成したPWM信号は,IGBTに入力するときにはさらにフォトカプラにより絶縁して入力する.この

141

8章 インバータの回路理論

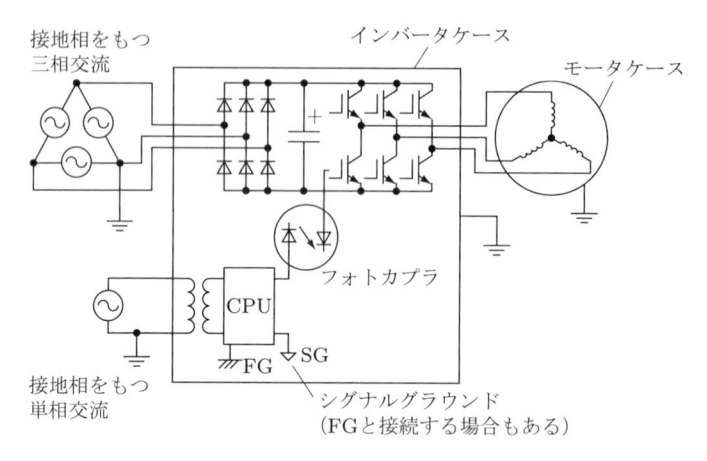

図8.14 インバータ内部の接地状況

ように，インバータの内部では多くの回路は大地から浮いているのである．

小型インバータの場合，大地に対してフローティングでインバータを使用しても大きな問題はない場合が多い．ただし，このとき対地電位は200V系の場合，最大値は±300Vであると思うべきである．絶縁，静電気などの障害は考慮しなくてはならない．

8.4.3 インバータ主回路の接地

高電圧機，大型機の場合，保護や安全の観点からすべての回路をフローティングで扱うのは問題がある．そこで，主回路を接地する．主回路の接地は，図8.15に示すように大きく分けて2種類ある．図(a)では直流電位を2分割して，直流電圧を$±E/2$と考える．図(b)では直流回路の負側を，高抵抗を介して接地と同電位にする．このようにすれば，インバータの出力側も間接的に対

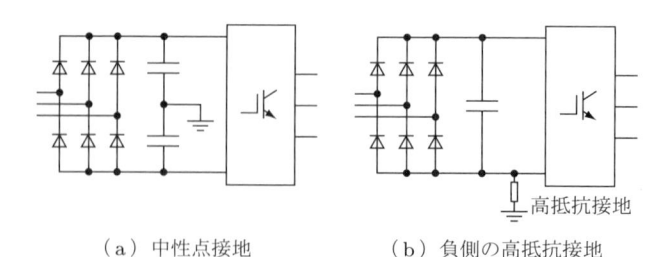

(a) 中性点接地　　　(b) 負側の高抵抗接地

図8.15 主回路の接地方法

地電位が安定化する．いずれの場合も，8.1節に述べたようにモータの中性点電位は変動するため接地しない．

以上に述べた主回路の接地は，主として国内での考え方である．日本国内では，図8.16(a)に示すように三相のうち一相が接地相である[†1]．海外では，商用系統が図(b)に示されるような電源中性点の場合がある．さらに，中性線（neutral）のほかに保安用アース線（PE；protective earth）をもつ5線式のT-Nシステム[†2]を採用している場合がある．この場合，中性線は電位の安定化，PE線は安全用と目的が分かれている．このときは，接地線をいずれに接続すべきなのかを検討しなくてはならない．

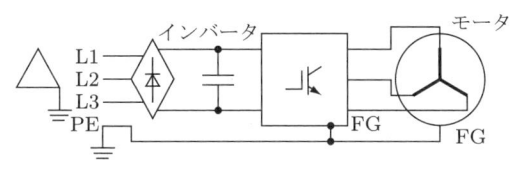

（a）日本国内の方式(T-T方式)

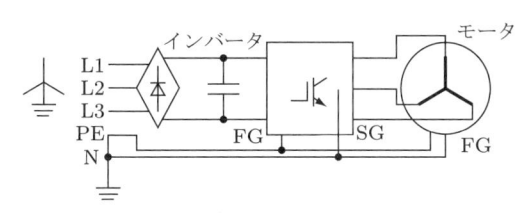

（b）中性点接地方式(T-N方式)

図8.16 接地方式

8.4.4 インバータの接地方法

インバータに限らず，接地は接地抵抗を小さくする必要がある．すなわち，接地極の大地への抵抗が小さい必要がある．さらに，インバータに接続された接地線には高周波の漏洩電流が流れる．したがって，他の機器と別のインバータ専用接地を設けることが望ましい．インバータは，図8.17(a)に示すよう

[†1] とくに決まっているわけではないが，三相の場合，R（赤），S（白），T（黒）のうちのS相，単相（白，黒）の場合，白が接地相であることが多い．
[†2] T：terre 大地，N：neutral 中性点．これに対し，日本国内のシステムはT-Tシステムである．

に，他の機器と分けて，個別に専用接地をするべきである．専用接地ができない場合，図(b)に示すように，接地点で他の機器と接続される共有接地が必要である．図(c)に示すように，他の機器と共通の接地線を用いることは避けたほうがよい．

接地線は極力太く，短くが原則である．すなわち，インバータの専用接地点は，極力インバータの近くにするべきである．

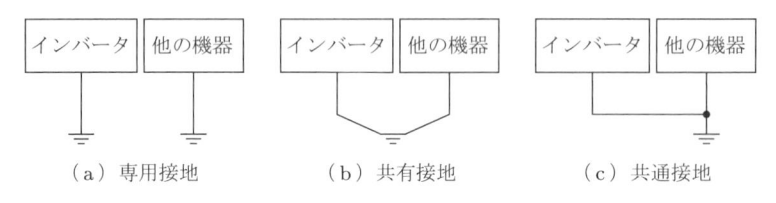

(a) 専用接地　　(b) 共有接地　　(c) 共通接地

図8.17　インバータの接地法

8.4.5　統合接地システムへの対応

統合接地システムの概念を図8.18に示す．統合接地システムとは，「一つの建物にあるすべての接地（機能用，保安用，雷）を一つにまとめ，接地をシステムとして考える」とともに，さらに，建築構造物（鉄筋）を電気的に接続し（等電位ボンディング），雷に対するインピーダンスを低下させたものである．統合接地システムは，国内の建設業界で近年，積極的に採用されている．

このシステムは建設コストが安く，電位干渉が少ないため，安全および雷に対しては有効である．しかし，インバータの立場から見ると，インバータを接

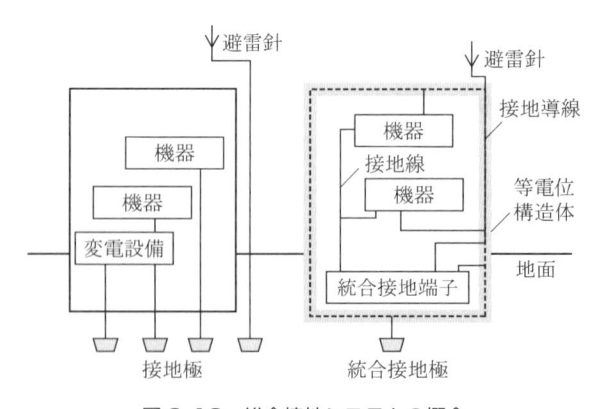

図8.18　総合接地システムの概念

地しても建物にただ1箇所しかない統合接地極に接続されるだけであり，各機器を個別に接地することができない．図8.17(c)のようになってしまうので，接地線を通して他の機器と接続されてしまう．インバータのEMC対策および漏洩電流からみると，非常に不都合なシステムである．インバータを，統合接地システムが採用されている建物で使用するときには注意が必要である．

さらに，統合接地システムは，接地系のインピーダンスが低いため，漏洩電流が増加する．接地線および建築構造体に流れ込む漏洩電流は，1本の接地極に集まることになる．つまり，接地極が還流ルートになる．そのため，接地極付近に，ゼロ相電流を検出するタイプの漏電遮断機（ELCB；electric leakage circuit breaker）が配置されている場合，ゼロ相CTの信号となり，漏電を誤検出する可能性がある（10.4節参照）．同様に，地絡リレーの誤動作の可能性もある．さらに，統合設置システムの建物は外来ノイズには強いが，内部の他の機器相互のノイズへの対策も必要である．

統合接地システムの建物内でのインバータの使用については，まだどのようにすればよいかの指針はない．接地とEMCの関連については，10.5節を参照いただきたい．

忘れてはいけない電磁気学

　本書では，多くの部分で電気回路理論を使ってインバータの基本を述べています．しかし，忘れてはいけないのは電磁気学です．

　電流が流れると周囲に磁界ができます．これはアンペアの法則です．電流が流れているところすべてにこの法則が成り立つことを忘れてはいけません．そこの磁界が変動すれば誘導起電力が発生し，それにより，導体には渦電流が流れます．これはファラデーの法則です．渦電流が流れると，ジュールの法則により発熱します．金属の温度が予想外に上がったら，これを疑いましょう．

　絶縁物は誘電体であることを忘れがちです．本文でも述べましたが，静電容量となって高周波の電流は通過します．

　インバータの回路を，2次元で描かれた電気回路図ではなく，構造を立体的に見たとき，これらの法則を思い出してください．性能低下や誤動作の原因も見えてくるかもしれません．

9章 インバータの制御技術

　制御とは，「ある目的に適合するように，対象となっているものに所定の操作を加えること」と定義されている[†]．インバータを制御する目的は，電力の制御である．インバータに操作を加えることとは，インバータのパワー半導体デバイスをスイッチングすることである．その間をつなぐのが制御技術である．

　本章では，インバータに使われる制御技術について述べる．制御技術は，ブロック線図により表現される．そこでまず，ブロック線図の基本について述べ，ブロック線図を用いてインバータの制御について説明する．インバータを制御するということは，インバータの出力する電圧，または電流を調節して望みの形態の電力を出力することである．そこで，インバータの電圧の制御，および電流の制御について，とくにモータの制御に使われる技術を中心に述べる．また，太陽電池，燃料電池などのインバータで必要とされる系統連系制御についても述べていく．

9.1　制御とブロック線図

　制御について考える場合，ブロック線図による表現を用いる．制御とは，対象に操作を加え調節することである．したがって，行った操作と調節した結果との関係（因果関係）をはっきりさせる必要がある．原因と結果の関係を系とよぶ．原因は系への入力であり，結果は系の出力である．制御系というときには，原因と結果の関係が明らかになっていることを示している．

　ブロック線図の基本を図9.1に示す．ここでは，入力として x が与えられたときの系の出力が y であることを示している．入力信号はブロックの操作を受けて出力される．この場合，ブロック内に A と書いてあるのは，入力を A 倍するという操作を示している．

[†] JIS Z 8116

9.2 インバータシステム

$$x \longrightarrow \boxed{A} \longrightarrow y$$

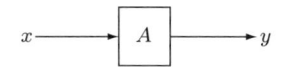

図9.1 ブロック線図の基本

この関係を数式で書くと，$y = A \cdot x$ となる．数式は，それぞれの値の関係を表している．しかし，数式では因果関係は不明である．ブロック線図で表すと，入力と出力，すなわち原因と結果を明確に分離して表すことができる．ここで，入力と出力の比は $y/x = A$ である．入出力の比 A を伝達関数とよぶ．伝達関数はブロックで行う操作を示し，ブロックの中に書き込むことになっている．

ブロック線図の基本の決まりと変換の例を，表9.1に示す．ブロック線図を用いると，信号と演算の流れを表すことが可能となる．

もう一つのブロック線図の決まりとして，伝達関数をラプラス変換で表すことがある．したがって，微積分はすべてラプラス演算子の s の乗除で表されることになる．ただし，インバータの制御を説明するような場合，必ずしもラプラス変換で表していない場合もあるので注意を要する（本書もそうなっている）．

なお，制御の変数には，変数名に*（アスタリスク）や^（ハット）の記号を追加して使う．たとえば，実際の電流が i のとき，i^* は指令値を表し，$\hat{i}$ は制御上で推定した値や演算した値を表す†．

9.2 インバータシステム

インバータが電力を変換するためには，制御指令が必要である．制御指令とは，インバータがどのような形態の電力を出力すべきであるかの指令である．図9.2に，インバータの基本的な制御システムを示す．インバータには電力が入力され，その形態を変換した電力を出力する．制御指令とは，どのような形態の電力を出力すべきかの指令である．したがって，インバータは2入力1出力のシステムである．

インバータは必ず他の機器と連動して使われる．インバータのみが単独で使われることはないと考えてよい．インバータの負荷には，モータやその他のエネルギー変換機器が用いられる．エネルギー変換機器は多くの場合，機械や他

---

† $\hat{i}$ の代わりに，˜（チルダ）を使って $\tilde{i}$ と表すこともある．本によっては，˜がテンソルを表していたり，測定した値や平均値を表すのに $\hat{i}$ や $\tilde{i}$ を使う場合があるので，注意を要する．

9章 インバータの制御技術

表9.1 ブロック線図の各種の決まり

	ブロック演算	数式表現	
基本の決まり	信号の加算	$z = x + y$	
	信号の減算	$z = x - y$	
	信号の分岐	いずれも x であり，$x/3$ にはならない．	
ブロックの等価変換	ブロックの交換	$y = ABx = BAx$	
	ブロックの直列接続	$z = By,\ y = Ax$ $z = ABx$	
	ブロックの並列接続	$y = (A \pm B)x$	
	加算点の移動		
	分岐の移動		
	信号の向きの反転	一時的に信号の向きを反転することができる．ただし，原因と結果が反転してしまうため，最終的には必ず元に戻す必要がある．	
	フィードバック変換	フィードバック結合は一つの伝達関数として表される．	

148

9.3 電圧の制御

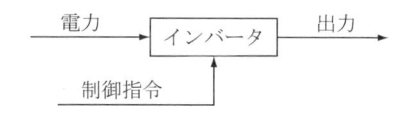

```
電力 → [インバータ] → 出力
         ↑
      制御指令
```

図 9.2　2入力1出力システム

のシステムに組み込まれている．また，インバータに入力する電源もエネルギー変換機器の場合がある．したがって，インバータの制御を考えるには，インバータ単独ではなく，図9.3に示すようなインバータシステムを考えるべきである．

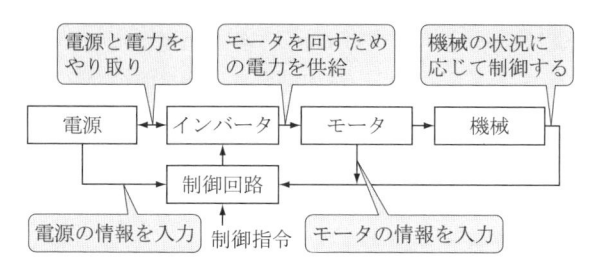

図 9.3　インバータシステム

　インバータへの制御指令は直接には，電力の形態（電圧，電流など）であるが，機械やエネルギー変換機器などの負荷の状況に応じた電力がインバータの制御指令となる．インバータに入力される電力は，商用電源のように安定している場合もあるが，太陽電池などのように常時変動している場合もある．そのような場合，電源の状況も加味して電力を制御する必要がある．モータ駆動の場合，モータの回転状況に応じた位相で電力を供給する必要がある．すなわち，インバータシステムとは，電源，負荷および負荷の制御も含めた総合システムなのである．

9.3　電圧の制御

　インバータの出力する交流電圧を制御するには2通りの方法がある．一つは7章で述べたパルス幅を制御するPWM制御である．もう一つはここで述べるインバータの直流電圧を制御する方法である．ここでは，インバータの電圧制御によるモータの制御についても述べる．

149

9.3.1 電圧制御の方法

単相インバータにおいて，図 2.2 に示したような正負に電気角で 180 度出力する場合を考えよう．このとき，交流出力電圧の実効値は次のように表される．

$$V_{rms} = \sqrt{\frac{1}{\pi}\int_0^\pi E^2 d\theta} = E$$

すなわち，交流出力電圧は直流電圧そのものである．したがって，直流電圧を調節すればインバータの出力する交流電圧が制御できる．このような制御はインバータ出力の振幅を制御するので，PAM 制御[†]という．

直流電圧を制御するには，直流回路に直流電圧を制御するためのチョッパを備えればよい．図 9.4(a) は，直流回路にチョッパを備えたインバータの回路を示す．また，交流電源の整流に，電圧制御可能な整流回路を用いることも可能である．図 (b) は，サイリスタにより位相制御して整流する回路である．これらの回路の場合，出力電圧を低くすると交流入力側の力率が低下することに注意を要する．このように，直流電圧制御のための主回路を追加すれば，出力電圧が制御可能である．

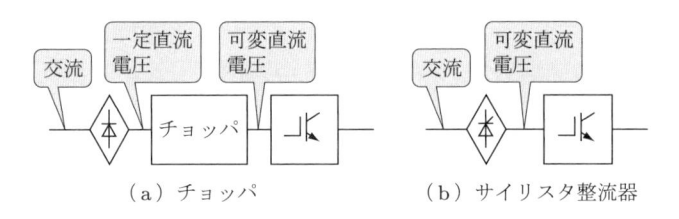

(a) チョッパ　　(b) サイリスタ整流器

図 9.4　PAM インバータ

なお，PWM 制御と直流電圧制御を合わせて行うことも可能である．この場合，出力波形は出力電圧が変わっても同一のデューティの波形とすることも可能である．この場合，波形の歪みは周波数によりほとんど変化しない．

インバータの出力電圧は，負荷に応じて次のように電圧が変動する．

$$Z_s = \frac{V_0 - V}{I}$$

ここで，V_0 は無負荷時の出力電圧，V は出力電流が I のときの電圧である．出力電圧 V は，負荷電流 I の増加に従い低下する．このとき，Z_s をインバータ

[†] パルス振幅変調（pulse amplitude modulation）

の内部インピーダンス，あるいは電源インピーダンスとよぶ．電源インピーダンスが小さいということは，電源としての性能が良い，あるいは大容量の電源であることを示している．

インバータを定電圧電源として使う場合，負荷電流が変動しても出力電圧が一定になるように制御する．出力電圧が変動しないので，見かけ上電源インピーダンスがゼロに近い良質の電源になる．そのためには，出力電圧を検出して電圧のフィードバック制御をすれば，定電圧電源になる．

9.3.2 モータの速度制御

電圧制御はモータの速度制御に使われる．モータ制御の考え方を，直流モータにより説明する．モータの発生するトルク T は次のように表される．

$$T = K_T I$$

ここで，K_T はトルク定数，I は電流である．一般に，モータのトルクは電流に比例すると考えてよい．

また，モータは回転すると誘導起電力を発生する．誘導起電力は，磁石の回転や磁束の時間変化により発生する起電力である．誘導起電力 E は次のように表される．

$$E = K_E \omega$$

ここで，K_E は起電力定数，ω はモータの角回転数である．誘導起電力は回転数に比例すると考えてよい．

この二つの式は直流モータの基本式であるが，交流モーターも含めた多くのモータも，直流モータモデルに換算したモデルを使って制御されることが多い．

モータを回転させてトルクを発生させるためには，誘導起電力よりも高い電圧を印加する必要がある．誘導起電力が回転数に比例するということは，モータの回転数を制御するには電圧を調節する必要があることを示している．したがって，モータの回転数制御の基本は電圧を制御することになる．

誘導モータの制御の代表的なものとして，V/f 一定制御がある．これは，誘導モータの周波数を制御して可変速駆動する場合，電圧を周波数に比例して制御する方式である．電圧を制御することにより，周波数が変化してもモータの磁束がほぼ一定になる．これは，交流モータの誘導起電力が次の式で表されることにより説明できる．

$$E = 4.44 N \cdot f$$

9章　インバータの制御技術

ここで，E は誘導起電力，N はコイルの巻数，f は周波数である．誘導起電力は磁束を示しているので，E/f を一定にすれば磁束は一定である．

誘導モータの回転数は次の式で表されるので，周波数を制御すれば回転数が制御できる．

$$N = \frac{120f}{P}(1-s)$$

ここで，N はモータの回転数 [min^{-1}]，f は周波数 [Hz]，P はモータの極数，s はすべりであり，定格付近では通常 0.04 程度である．

周波数 f と電圧 V を比例してモータに印加したときのトルクを，図9.5に示す．周波数が変化してもほぼトルクは一定であるが，低周波でややトルクが

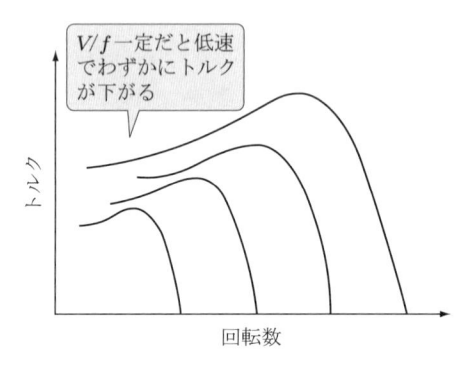

図9.5　V/f 一定制御

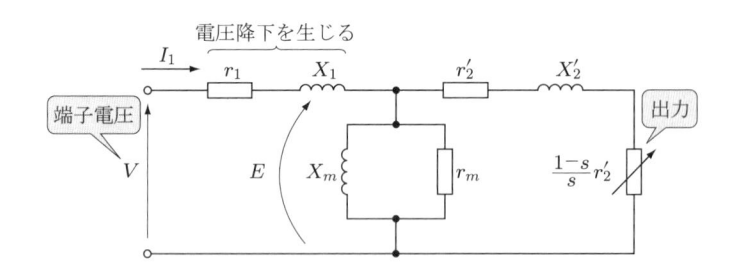

図9.6　誘導モータの等価回路

V ：端子電圧
E ：誘導起電力
I_1 ：線電流
X_m ：励磁リアクタンス
r_m ：鉄損抵抗
r_1 ：1次巻線抵抗
X_1 ：1次漏れリアクタンス
r_2' ：1次換算した2次抵抗
X_2' ：1次換算した漏れリアクタンス
s ：すべり

9.3 電圧の制御

小さい.これは端子電圧 V を制御しているためである.すなわち,図 9.6 に示す誘導モータの等価回路において,$I_1 \times (r_1 + X_1)$ による電圧降下が生じ,E が一定にならないためである.

そのため,トルクブーストとよばれる制御が使われる.トルクブースト制御を図 9.7 に示す.このように,低周波で電圧を高く設定することにより,周波数が変化しても E が一定になる.E/f 一定なので磁束がほぼ一定になる.E/f 一定制御したときのモータトルクを図 9.8 に示す.

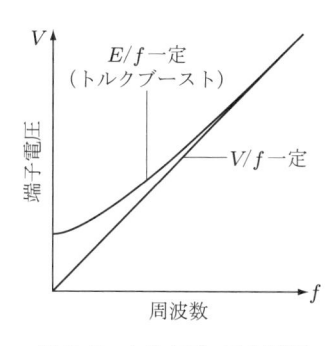

図 9.7 トルクブースト制御

図 9.8 E/f 一定制御

V/f 一定制御は,VVVF 制御(variable voltage variable frequency)ともよばれる.汎用インバータは,VVVF 制御しやすいように種々の機能が付加されている.自動トルクブースト機能とは,自動的に端子電圧を高くして E/f 一定制御を保つ機能である.通常,VVVF 制御では電圧はフィードバック制御しない.電圧はオープンループ制御で周波数に比例した電圧を出力する.しかし,自動トルクブースト機能を使えば,負荷のモータの 1 次インピーダンスにかかわらず電圧を補償することができる.また,汎用インバータにはモータの回転数を検出することにより,回転数のフィードバック制御や,すべり周波数制御などの機能も付けられていることが多い.

標準モータを使用した場合,モータの定格周波数は 50 Hz または 60 Hz である.モータは,定格周波数で定格電圧を印加するように設計されている.したがって 60 Hz 以上の周波数で V/f 一定制御で高速運転しようとすると,電圧が定格電圧以上になってしまい,磁気飽和や絶縁などの問題が発生する.また,電源電圧も不足する場合が多い.そのため,定格周波数以上の高速領域では,一定電圧で周波数のみ変化させる.そのときの電圧およびモータトルクを

図9.9に示す．V/f 一定制御が，V 一定制御へ切り換わる周波数を基底周波数（base frequency；基底回転数ともいう）という．V/f 一定制御では，モータの発生トルクはほぼ一定であるが，V 一定制御では，周波数の上昇とともにトルクが減少する．このような特性は定出力特性とよばれる[†]．定出力特性は，直流モータや同期モータでは，弱め磁束制御を行ったときに得られる特性である．

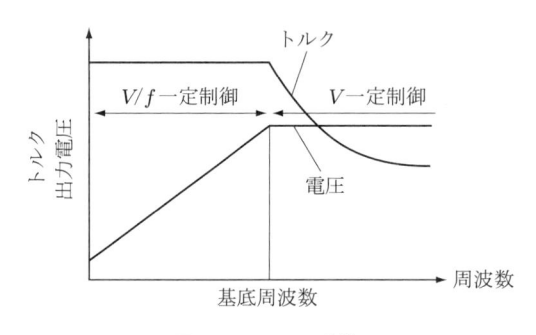

図9.9 VVVF制御

　誘導モータの始動電流は，定格電流の 6 倍程度である．したがって，インバータでいきなり運転周波数を印加すると，インバータの定格電流以上が流れてしまう可能性がある．そのため，低周波から徐々に周波数を上昇させるソフトスタートを行う．また，加減速時も周波数を徐々に変化させる必要がある．周波数の変化速度は，モータと負荷の慣性により決定する必要がある．負荷の慣性が大きいときはゆっくり加減速する．なぜなら，加速するためにはトルクが必要であり，急激な加速は過電流を招く．減速時には，モータの運動エネルギーが回生電力となりインバータに戻る．この電力はインバータの直流回路のコンデンサを充電して，直流電圧を上昇させる．急激な減速が必要な場合，10.6 節に述べる回生抵抗により回生電力を消費させ，直流回路の電圧上昇を防ぐ必要がある．

[†] （出力）＝（トルク）×（回転数）．定出力特性は直巻特性ともよばれる．

9.4 電流の制御

直流電源を電流源として使う電流型インバータは，PWM 制御することにより出力電流を制御することができる．しかし，電圧型インバータでも電流制御が可能である．ここでは，電圧型インバータによる電流制御について述べる．

9.4.1 電流制御ループ

電圧型インバータによる電流制御のブロック線図を，図 9.10 に示す．インバータシステムへの制御指令 i^* は電流波形の指令である．負荷に流れる電流 i を検出して電流の指令値と実際の電流を比較し，瞬時の電流偏差 $\Delta \hat{i}$ を求める．電流の偏差は PI 制御器（後述）により積分され，電流制御の指令 Δi となる．電流制御指令 Δi を電圧指令 Δv に換算し，それに応じてインバータの出力電圧を調節する．このような制御を行うと，見かけ上，電流を制御していることになる．

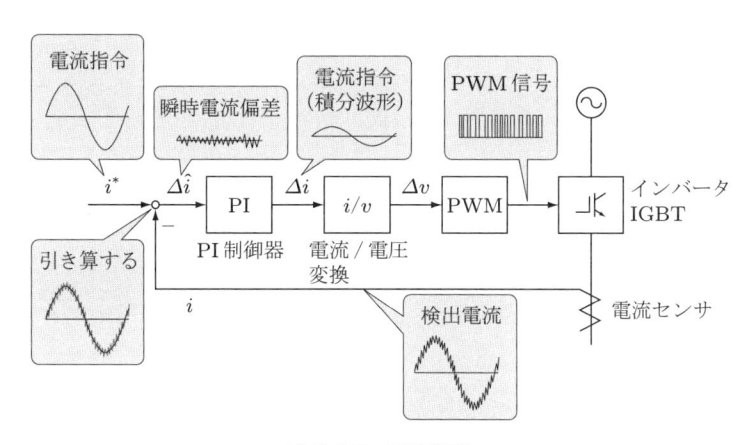

図 9.10 電流制御

このような制御ループを電流ループとよぶ．一般に，電流ループは非常に高速に制御されるので，低速な制御ループの内側に配置される．そこで，電流のマイナーループとよぶ場合もある．電流ループの役割は，出力すべき基準波形（多くの場合は正弦波）に近似するように高速に制御することにある．PWM 制御の場合，電流制御ループは一つひとつの PWM パルスの幅を調節する．すなわち，スイッチング周波数で電流が制御される．したがって，パワー半導

体デバイスの速度が十分速くないと電流制御の精度を高くできない.

9.4.2 PI制御

電流制御を行うと，PWMパルスを出力するたびに電流を増減させることができる．では，電流制御はスイッチングごとの電流の変化に対し瞬時に応答すればいいのかというとそうではない．そのため，ここではPI制御（比例制御＋積分制御）が行われる．

インバータの直流入力回路は，大容量のコンデンサにより平滑されている．このとき，コンデンサは直流電圧源となる．インバータのスイッチングにより瞬時にスイッチが閉じられると，コンデンサの電圧は瞬時に出力される．しかし，電流は図9.11に示すような負荷のインダクタンスにより，RL回路の過渡現象で立ち上がる．電流は次のような変化をする．

$$i(t) = I_0 e^{-(L/R)t}$$

ここで，$R，L$はインバータの負荷のインピーダンス，I_0は最終値（定常状態の電流）である．

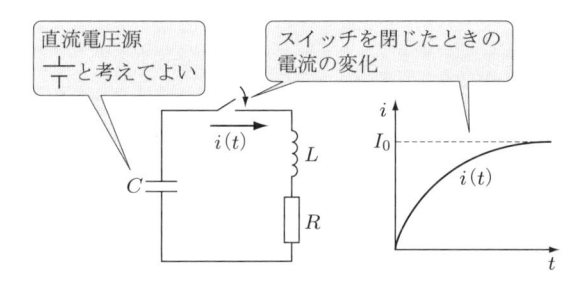

図9.11 過渡現象

このように，PWM制御により電圧は瞬時に立ち上がるのに対して，電流は遅れて立ち上がる．そのため，検出した電流の瞬時の値を使って，その時点で指令電流との偏差を即刻計算したところで，正しい値は得られない．瞬時の偏差を補正するように電流を制御するために，電圧を調節しても，電流がなかなか変化せず，望みの値にならない．そのため，どんどん電圧の補正を強めていってしまうことになる．

そこで，電流誤差の積分を行う．ここでの積分とは，一定時間間隔における指令値と実際の値の誤差の累積と考えることができる．回路の過渡現象を考慮

9.4 電流の制御

して，ある時間間隔（積分時間）に累積した電流誤差に応じて出力電圧を調節する．積分時間は当然，スイッチング周期より長くする必要がある．電流の応答は，インバータの負荷であるモーターのインダクタンスの影響を受ける．積分時間は，系の応答性から電流波形をいかに正弦波に近づけるか，という観点で決定される．

PI 制御のブロック線図を図 9.12 に示す．K_P は比例ゲイン，T_I は積分時間とよばれる．入力信号を積分して出力する動作である．積分動作の動きを図 9.13 に示す．積分器の出力を M とすると，大きさが一定の入力 E に対しては，時間に比例して増加する．

$$M = \frac{1}{T_I}\int e(t)\,dt = \frac{E}{T_I}\int dt = \frac{E}{T_I}t$$

したがって，$t = T_I$ のとき，$M = E$ となる．すなわち，積分器の出力が偏差に等しくなるまでの時間が積分時間 T_I である．T_I が小さいほど積分動作の効果が大きい．

PI 制御を電流誤差の制御に用いる理由を，定常状態で説明する．図 9.10 は電流誤差をゼロにする制御系である．十分時間が経ったときに，入力である電

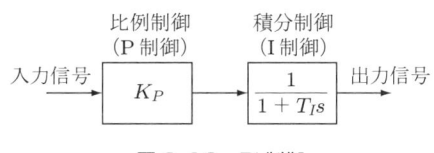

図 9.12 PI 制御

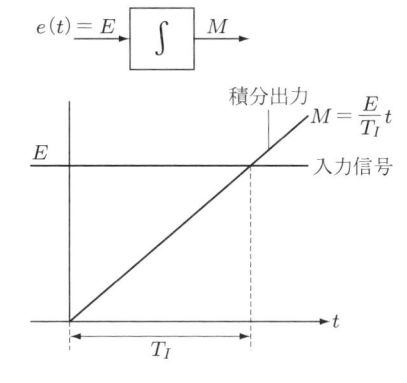

図 9.13 積分動作

流指令 i^* と出力である検出電流 i が等しくなるとする．このとき，瞬時の偏差 $\Delta \hat{i}$ はゼロとなる．したがって，比例制御（P制御）であれば入力が当然ゼロなので，出力はゼロになってしまう．つまり，電流指令 i^* の値に制御するのでなく，偏差ゼロを目標に制御することになる．しかし，ここに積分が入った PI 制御の出力 Δi は，ある一定の値を保つことができる．つまり，このときの出力が指令値になるようなゲインを与えれば，出力を指令値に保つことができるのである．

積分制御は積分時間があるので，位相遅れを生じる．したがって，電流制御は比例制御を主体にしなくてはならない．比例ゲインを大きくすると，制御により電流偏差を小さくできる．しかし，ゲインが大きすぎると制御系が不安定になってしまう．そのために，積分により安定化するのである．

◯ 積分制御とは水のタンクで説明できます ◯

　積分を用いる PI 制御系は，偏差がゼロでも制御系の出力をある値に保つはたらきをします．これは，図 9.14 に示すように水の流量でたとえることができます．

　いま，積分動作をタンクと考えることにしましょう．流入と流出は同じ太さの管とします．タンクへの水の流入量を $R(s)$，流出量を $C(s)$ と考え，タンクの水の水位を積分要素の出力 M_I と考えましょう．流出量と流入量が等しくないと，タンクの水位は増減してしまいます．しかし，流入量が一瞬低下しても M_I の水位があるので，流出量 $C(s)$ を一定に保つことができるのです．また，流出量と流入量が等しいときには，タンクの水位を一定に保つこともできるようになります．積分制御とは，制御系の中で，このように「保つ」というはたらきをしているのです．

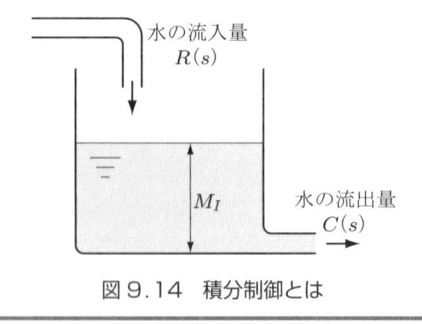

図 9.14　積分制御とは

9.4.3 三相電流の制御

インバータで三相交流を出力する場合，電流センサは二相分備えていればよい．すなわち，対称三相交流では次の関係がある．
$$i_u + i_v + i_w = 0$$
したがって，二相分の電流を検出すれば，残りの一相は
$$i_w = -(i_u + i_v)$$
で求められるからである．

PWM 制御も二相分の演算を行い，残る一相は同様に差分で行う場合が多い．しかし，このことが精密な制御の場合に問題になる．二相分の電流を制御するというのは，自由度は 2 である．制御対象は三相分の電流なので自由度が 3 である．そのため，三相不平衡，外乱などの影響により，オフセット，軸ずれなどの制御誤差が発生する原因となる．

9.4.4 デッドタイム補償

電流制御は，パルス幅が長い場合にはこれまでに述べた考え方で精度よく行うことができる．しかし，出力電圧が低い場合，パルス幅が短いのでデッドタイムの影響を受けてしまう．つまり，出力電圧が低い領域では，デッドタイムに相当する電圧分だけ電流誤差が生じてしまう．ベクトル制御やサーボ系などのモータの精密な制御の場合，デッドタイムにより低速での誤差が問題になる．さらに，正弦波のゼロクロス付近が歪んでしまい，正弦波から崩れてしまうことが，出力波形の品質を問題にする系統連系インバータでは問題になる．また，デッドタイムはモータの動作にも影響を与える．デッドタイムはインバータの出力波形の歪みとなるので，高調波を増加させる．高調波はモータのトルクリップルの原因となり，さらにモーターの鉄損を増加させる．

デッドタイムは，誘導モーターの V/f 一定制御では，モータの不安定現象も引き起こす．デッドタイムによる電圧低下分は，モータの 1 次抵抗が等価的に増えたことになる．モータが軽負荷のときに等価的な 1 次抵抗が大きいと，モータが非線形振動を発生し，不安定になることがある．

そのようなことを防ぐために，デッドタイム補償制御を行う．電流制御の制御ゲインを高くすれば，電流が指令値どおりに出ていないことを検出し補償できるので，デッドタイムの影響を小さくすることができる．ただし，電流と電圧の位相が異なるため，電流指令だけでは電圧誤差は完全には補償できない．

デッドタイム補償のもっとも一般的な方法は，モータの電流極性に応じて指令電圧に誤差電圧を重畳するものである．電流の極性に応じて，5.2節で示した誤差電圧

$$e_{dd} = \pm \frac{E}{2} f_s t_d$$

を電圧指令に加える．制御ブロック線図を図9.15に示す．

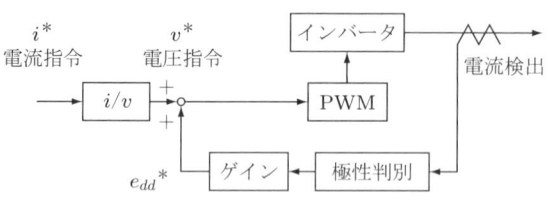

図9.15 デッドタイム補償

デッドタイムは，スイッチング素子のオフ動作に必要な時間以上にわたってオンをさせない期間である（オンディレイ）．そのため，実際のオフ時間のばらつきや変化が，出力電圧の誤差にさらに加わってしまう．そこで，デッドタイム補償の精度を上げる方法も考えられている．外乱オブザーバを用いて実際の誤差電圧を推定し，指令電圧を補償したり，素子のオフを実際に検出して動作するなど，さまざまな方法が行われている．

9.5 ベクトル制御

電流制御が実際に使われる例として，誘導モータのベクトル制御について述べる．誘導モータは電磁誘導により発生する回転子の誘導電流と固定子の回転磁界によりトルクを発生する．ベクトル制御は，モータ内部の固定子電流ベクトルと，回転子磁束ベクトルの大きさと回転を制御することにより，両者をつねに直交させるという考え方の制御法である．制御モデル上では，直流モータと同じモデルを考え，直接トルクが制御できる方法である．磁束をベクトル的に制御するので，ベクトル制御とよばれている．

ベクトル制御するためには，磁束ベクトルを検出する必要があり，さらに，実際に流れている交流電流を，直流電流として観測する必要がある．そのために必要な操作が座標変換である．モータへ印加する電圧・電流は，静止座標上

で交流量である．これを回転する座標上で直流量として扱えるような座標変換を行う．

誘導モータの等価回路モデルを，角速度 ω で回転している γ-δ 座標系へ変換した結果を以下に記す．モータのモデルや座標変換の詳細は，参考文献を参照していただきたい．

$$\begin{bmatrix} v_{\gamma s} \\ v_{\delta s} \\ 0 \\ 0 \end{bmatrix} = \begin{bmatrix} R_s + PL_s & -\omega L_s & PM & -\omega M \\ \omega L_s & R_s + PL_s & \omega M & PM \\ PM & -(\omega - \omega_{re})M & R_r + PL_r & -(\omega - \omega_{re})L_r \\ (\omega - \omega_{re})M & PM & (\omega - \omega_{re})L_r & R_r + PL_r \end{bmatrix} \begin{bmatrix} i_{\gamma s} \\ i_{\delta s} \\ i_{\gamma r} \\ i_{\delta r} \end{bmatrix}$$

ここで，$v_{\gamma s}$, $v_{\delta s}$ は γ, δ 軸の固定子電圧，$i_{\gamma s}$, $i_{\delta s}$ は γ, δ 軸の固定子電流，$i_{\gamma r}$, $i_{\delta r}$ は γ, δ 軸回転子電流である．R_s, R_r はそれぞれ一相分の固定子，回転子抵抗である．なお，

$$L_s = l_s + M$$
$$L_r = l_r + M$$

であり，l_s は固定子巻線の漏れインダクタンス，l_r は回転子巻線の漏れインダクタンス，M は固定子と回転子の相互インダクタンスである．ω は回転磁界の角周波数，ω_{re} は電気角で表した回転子の回転角周波数である．したがって，すべり角周波数 ω_{se} は，

$$\omega_{se} = \omega - \omega_{re}$$

と表される．このように表示すると，座標系が ω で回転しているので電流は直流電流となり，さらに，固定子巻線と回転子巻線はブラシで電流が通じている直流モータのモデルであると考えることができる．

このとき，トルクは次のように表される．

$$T = p \frac{M}{L_r}(i_{\delta s}\phi_{\gamma r} - i_{\gamma s}\phi_{\delta r})$$

ここで，δ 軸回転子鎖交磁束 $\phi_{\delta r}$ がゼロになるように制御する．トルクは

$$T = p \frac{M}{L_r} i_{\delta s} \phi_{\gamma r}$$

となるので，直流モータの発生トルクの式と同じ形となる[†]．γ 軸回転子鎖交磁

[†] フレミングの左手の法則で磁界と電流が直交すると，直角方向に力が発生する．$F = I \times B$．これをモーターに展開し，$T = K_T I$ の形でトルクの式として利用する．K_T はトルク定数である．

束 $\phi_{\gamma r}$ を一定値に制御すれば，トルクは δ 軸固定子電流 $i_{\delta s}$ に比例する．これがベクトル制御条件である．γ 軸回転子鎖交磁束を少なくすれば，弱め磁束制御となる．

ここで，すべり角周波数 ω_{se} を次の式のように制御する．

$$\omega_{se} = \omega - \omega_{re} = \frac{MR_r}{L_r} \cdot \frac{i_{\delta s}}{\phi_{\gamma r}}$$

このように制御すると，δ 軸回転子鎖交磁束 $\phi_{\delta r}$ はゼロとなり，ベクトル制御ができる．これがすべり周波数制御によるベクトル制御である．すべり周波数制御は，磁束を直接検出することなしに磁束を演算で求めて制御するので，間接型ベクトル制御とよばれる．回転数の検出のみでベクトル制御可能なので，早くから実用化された．すべり周波数制御の制御系の例を図9.16に示す．この制御系は δ 軸と γ 軸が完全に独立していない（干渉する）ので，電流フィードバックだけでは正確に制御できない．高精度で制御するためには，非干渉制御の導入が必要である．

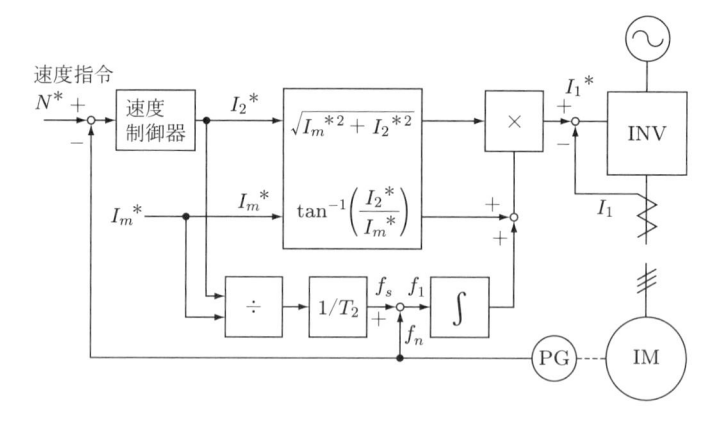

図9.16 すべり周波数制御方式

直接ベクトル制御は，磁束を検出して直接磁束ベクトルを制御する方式である．ホール素子などの磁気センサを組み込むことは実用的ではないため，採用されることは少なかった．近年，計算機の進歩と制御理論の発展により，磁束の推定が可能になったことにより実現した．磁界オリエンテーション方式(field orientation) ともよばれる．

磁束センサなしに磁束を知るための磁束推定の方法を説明する．モータの数

式モデルを制御装置に備え，実際と同じ入力をモデルに与えれば，磁束が計算により推定できるはずである．モータのモデルは抵抗，インダクタンスなどの定数を用いて組み立てる．そのため，図9.17(a)に示すように，モデルの出力は実際の出力に対して演算誤差が生じる可能性がある．そこで，図(b)に示すように，実際の出力とモデルの出力に偏差がなくなるようにモデルへの入力を修正することが考えられる．これがオブザーバの考え方である．オブザーバを用いることにより，回転子へ鎖交する磁束が推定できる．

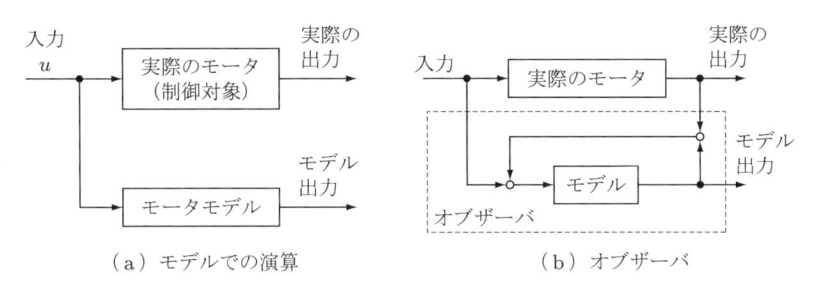

図9.17 オブザーバの原理

ここで用いる制御上のモデルには，モータの瞬時の回転数が必要である．速度センサにより検出した回転数でモデル上の定数を修正すれば，磁束オブザーバが構成できる．これをさらに発展させたのが，速度センサレス制御である．この場合，速度センサがないので速度情報が得られない．このとき，誤差の原因はモデルの定数が正しくないと見て，出力偏差に応じてモデルの定数を修正する．これを適応型オブザーバという．速度を適応して推定し，さらに磁束を推定するのである．この方法を用いれば速度センサレスベクトル制御が可能である．

● 座標変換を使わないベクトル制御の説明

ベクトル制御の考え方を，座標変換を使わないで説明してみます．誘導モータの等価回路を図9.18に示します．ここで，I_m は励磁電流とよばれます．また，I_2' はトルク電流とよばれています．このとき，外部で観測可能な線電流 I_1 は，図9.19に示すように，I_m と I_2' のベクトル和となります．

$$I_1 = \sqrt{I_m^2 + I_2'^2}$$

励磁電流回路とトルク電流回路の電圧が等しいことから，次のような関係になります．

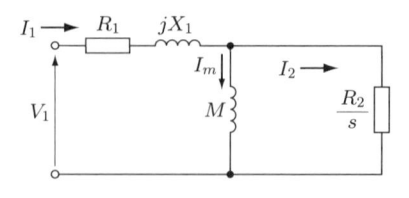

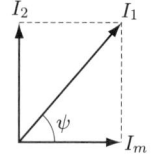

図9.18 誘導モータの等価回路

図9.19 ベクトル図

$$2\pi f_1 M I_m = I_2 \frac{R_2}{s} \tag{1}$$

ここで，f_1 は電源周波数です．
　誘導モーターのすべり周波数 f_{slip} は

$$f_{slip} = s \cdot f_1$$

なので，すべり周波数は，

$$f_{slip} = \frac{1}{2\pi\tau_2} \cdot \frac{I_2}{I_m}$$

となります．ここで，$\tau_2 = M/R_2$ であり，2次回路の時定数とよばれます．この式は，トルク電流 I_2 とすべり周波数は比例することを表しています．したがって，トルクは $T = k I_1 f_{slip}$ の形で表されるので，すべり周波数を制御すればトルクが制御できることになるのです．

　なお，モータの回転数を周波数 f_n で表すと，$f_1 = f_{slip} + f_n$ です．したがって，モータの回転速度がわかれば，f_1 を調節することにより任意のすべり周波数に制御できることになります．

　ここまでは電流の振幅のみを制御すると説明してきました．この場合，図9.20に示すように，トルク電流と励磁電流の双方が変化してしまいます．そこ

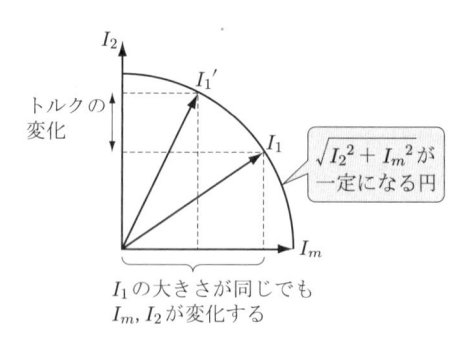

図9.20 すべり周波数のみの制御

で，磁束一定のベクトル制御条件を成立させるには，電流の位相を次の式を使って制御します．

$$\psi = \tan^{-1} \frac{I_2}{I_m}$$

電流の位相を制御すると，図9.21に示すように，励磁電流は一定のままトルク電流のみ変化できるのです．これがすべり周波数によるベクトル制御の原理です．

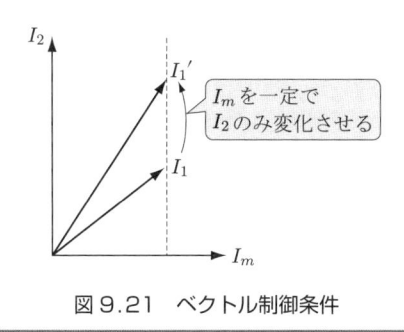

図9.21 ベクトル制御条件

9.6 サーボシステム

　サーボ装置とインバータは深い関係にある．サーボ制御に使われるサーボアンプ[†]の多くは，モータ用のインバータを含んだ装置である．モータを含めたサーボシステムの基本構成を図9.22に示す．

　ここでは，モータモデルは直流モータのモデルである．誘導モータ，同期モータなども，制御モデルはこのブロック線図で扱えるように，直流モータに換算したモデルにより制御する．

　制御系は位置制御ループ，速度制御ループ，電流制御ループで構成されている．それぞれの制御周期は内側ほどが早い（周波数帯域が広い）．ここで，誘導起電力 e のフィードバックがあるが，これは制御ループではなく，電流アンプの出力電圧と誘導起電力の偏差が出力電流となることを表している．

　制御ループの基本的な考え方は，位置の微分は速度であり（$v = dx/dt$），速

[†] サーボ制御とは，制御目標が自在に変化するような制御である．命令どおりに動くものという意味のラテン語である servus（英語では servant；召使）を語源とする．

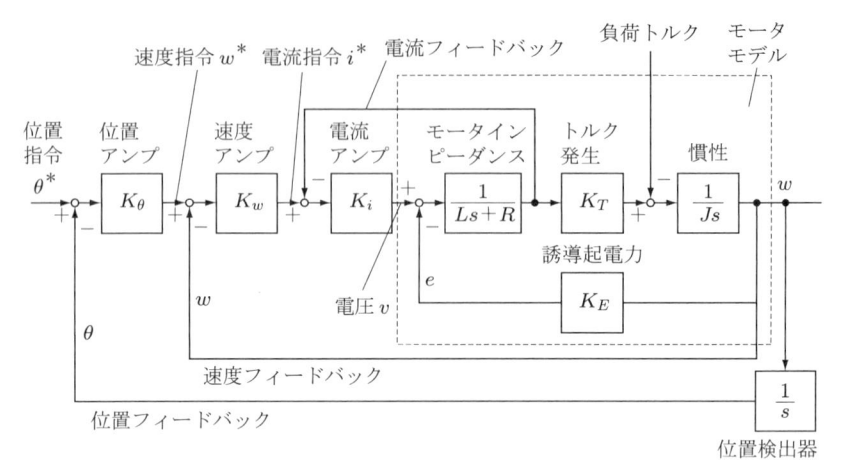

9章　インバータの制御技術

図9.22　モータを含めたサーボシステム

K_θ：位置アンプのゲイン　K_w：速度アンプのゲイン　K_i：電流アンプのゲイン

度の微分が加速度である（$a=dv/dt$）という運動方程式である．加速度は力であり（$f=ma$），トルクは回転運動の力に相当する．トルクと電流は比例するので（$T=K_T i$），トルクを制御するには電流を制御すればよい．

9.7　系統連系制御

発電設備を商用電力系統に接続することを，系統連系[†]という．系統連系は，電力の流れの方向により，次の2種類に分かれる．

逆潮流あり：電力を系統に流し込む（売り電する）
逆潮流なし：電力は系統に流出しない（自家発電の不足分を買い電する）

インバータを用いた分散型発電システムは，多くの場合，逆潮流ありの設備である．

9.7.1　系統連系ガイドラインとインバータの制御

系統連系する場合，電力系統に悪影響を与えないことが要求される．これは，各種のガイドラインおよび規格で決められている．インバータの系統連系に関係するおもな技術要件について説明する．

[†] ガイドライン等では「連系」を使用している．ほかに連携，連係なども使われる場合がある．

9.7 系統連系制御

(1) **電気方式**：系統と同じ方式でなければならない．

　日本国内の低圧配電では，図 9.23 に示す単相 3 線式がおもに用いられている．したがって，インバータは交流 200 V の出力をすることになる．直流電圧に換算すると，282 V 以上の直流が必要である．

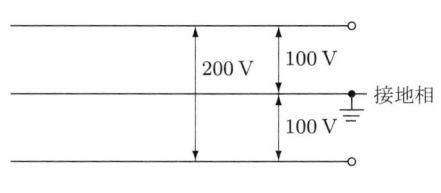

図 9.23　単相 3 線式配電

(2) **力率**：逆潮流ありの場合，受電点における力率は 85% 以上であること．また，系統から見て進み力率にならないこと．

　これは，系統の力率を検出し，インバータ出力の力率を制御することが必要なことを示している．逆潮流なしの場合は力率制御は必要なく，力率を 95% 以上に保つのみでよい．

(3) **高調波**：電流の歪みは，40 次までの総合歪み率が 5% 以下，各次の歪み率が 3% 以下のこと．

　歪み率は，出力の大きいときには比較的低いが，低出力になると相対的に高くなる．すなわち，基本波の振幅が変わっても，高調波の振幅はそれほど変わらない．低出力の時の歪みを低下させるような波形制御が必要である．わずかなデッドタイムの影響で歪みが大きくなる．図 9.24 に，系統連系インバー

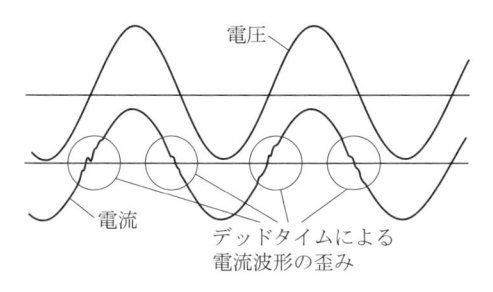

図 9.24　系統連系波形の例

タの出力波形の一例を示す．電圧は定格電圧であり，デッドタイムの影響が少ない．この場合，出力電流が小さいため，電流のゼロクロス付近にデッドタイムによる波形歪みが見られる．

(4) 保護協調：系統保護のために各種の保護を行うこと．

　保護動作は，過電圧，不足電圧，周波数上昇，周波数低下，単独運転検出等を行う．このうち，周波数については過渡的な変動で動作せず，1秒程度継続したら動作することが要求されている．単独運転とは，系統が停電したときには単独で運転していることを示す．単独運転状態を検出し，系統から遮断することが要求されている．単独運転を確実に検出するのはかなり難しいのが現状である．

(5) 電圧変動：系統電圧が，逆潮流により適正値（101 ± 6 V，202 ± 20 V）を逸脱しないこと．

(6) 変圧器の設置：系統に直流が流出するのを防ぐために，系統との間に変圧器を設置する．

　直流回路が非接地であれば，高周波変圧器を用いることも可能である．また，住宅用発電設備に限り，変圧器を使わずに直流分が流出しないように制御することも認められている．交流に含まれるわずかな直流成分の検出はかなり難しいが，住宅用設備では，このようなトランスレスとよばれる方式が主流である．

9.7.2　系統連系インバータ

　分散型発電システムは，系統連系インバータが必要である．太陽光，風力などの再生可能エネルギーや，水素などの炭酸ガスを放出しないクリーンエネルギーを利用した発電システムである．ここでは，小規模で低圧系統に連系しているインバータについて述べる．

(1) 太陽光発電用インバータ

　太陽光発電システムは，太陽電池により直流発電するものである．太陽電池セルの発電電圧は，通常1 V程度であり，多くのセルを直列に接続し，必要な電圧を得るように構成されている．日射強度が下がると発電電圧も低下する

9.7 系統連系制御

ため，低強度でも発電できるように直列数を増やす必要がある．すると，日射強度が高い時に発電電圧が上昇してしまう．一般的には，太陽電池の最大出力が 400 V 以下になるように直列数を決める†．発電した直流電力は，昇圧チョッパにより昇圧および安定化してインバータに入力する．

太陽光発電で使われるインバータの回路を，図 9.25 に示す．図において，$S_3 \sim S_6$ の 4 素子で単相インバータ回路を構成する．S_1 は常時オフしてダイオードのみ使用する．S_2 がスイッチングして昇圧チョッパの動作をする．これにより，単相インバータ回路へ入力する直流電圧は定電圧に安定化される．

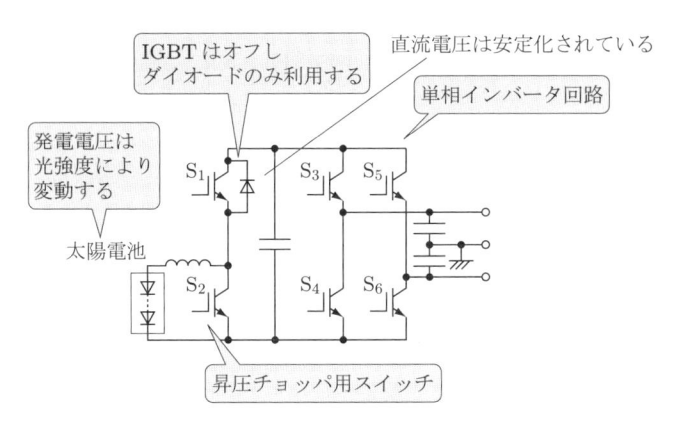

図 9.25 太陽光用単相インバータ

このほか，太陽電池の特性に合わせた制御が必要である．太陽電池の電圧－電流特性は，図 9.26 に示すように，日射量によって変化する．日射量が変化すると，最大電力が得られる電圧が変化してしまう．そこで，日射量の変化に応じて最大出力を追跡するように動作点を電圧制御する最大電力追従制御（MPPT 制御；maximum power point tracking control）を行う．

MPPT 制御の例として，図 9.27 に山登り法を示す．太陽電池の出力電圧が変化すると，太陽電池の動作点が変化することを利用したものである．動作点が図の点 b にあるときに，電池電圧を V_b から V_a に低下させると，動作点は点 a に移動する．このとき，出力電力は P_b から P_a に減少する．出力が減少するときは山の左側にあると判断し，動作点を右側に移すように電池の動作電圧を上昇させる．最大出力点を超えて山の右側に来ると，電圧を上昇させると出

---

† 直流 750 V 以下は，電気設備では低圧設備として扱われる．

169

9章 インバータの制御技術

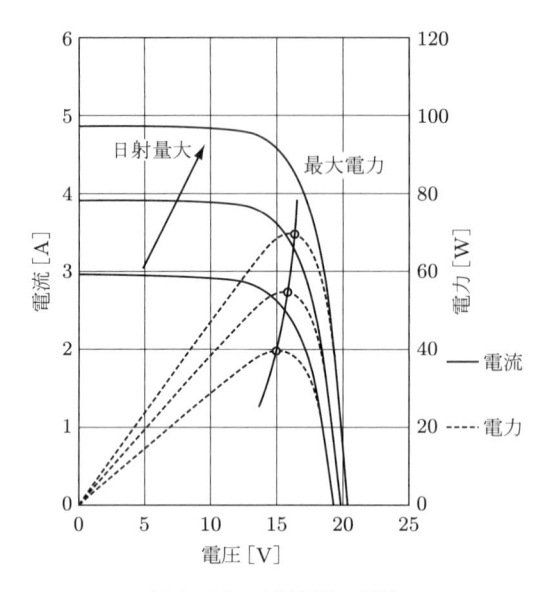

図9.26 太陽電池の特性

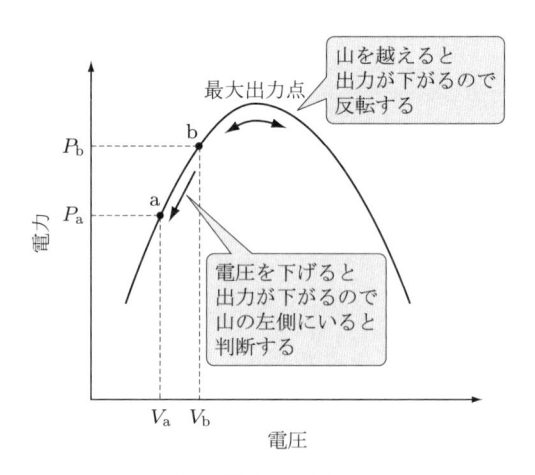

図9.27 山登り法

力電力が低下する．これにより，最大出力点を超えたと判断し，電圧を低下させる．このように，動作点がつねに最大電力付近にあるように制御する．

このような系統連系インバータは，パワーコンディショナーとよばれる．なお，燃料電池用のパワーコンディショナーも，太陽光パワーコンディショナー

と基本的に類似のシステムである．

(2) 可変速風車用インバータ

　従来，風力発電は風車のピッチ角[†]を制御して，回転数をほぼ一定にして発電していた（図 9.28）．この方式ではある程度の風速以上でないと発電できない．また風速が高いときには風車の効率を落として回転数を制御することになってしまう．発電機にはおもに誘導発電機が使われ，増速ギアを用いて，系統の周波数を直接発電していた．

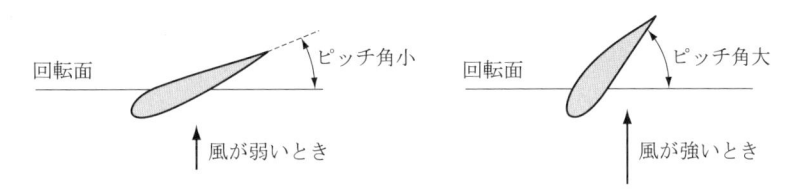

図 9.28　ピッチ制御

　風力発電の高性能化を目的として，低風速でも発電可能で，さらに，風速が変化しても風車を最高効率で運転できるような可変速風車システムが使われている．可変速システムの構成を，図 9.29 に示す．風量の変化に応じて発電機の回転数も変化するので，発電周波数も変化する．それを直流に整流して，インバータで系統連系する．近年では，増速ギアを用いずに発電機を直結したシステムも開発されている．風力発電においても，図 9.30 に示す風車の出力特性から MPPT 制御を行う．

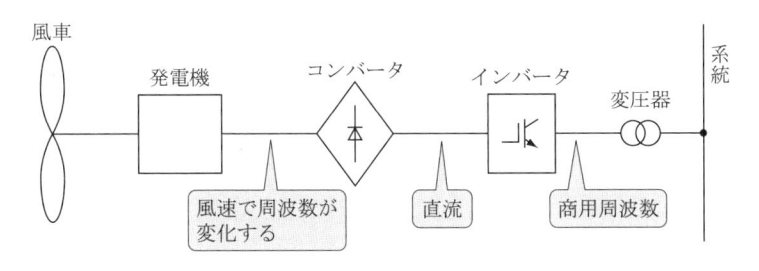

図 9.29　可変速風車システム

[†] 風車のブレードの取り付けのひねりの角度．

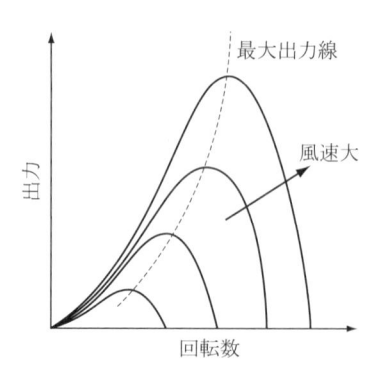

図 9.30　風車の MPPT 制御

9.7.3　系統連系の理論

　系統連系してインバータの出力を系統に流し込むには，インバータの出力電圧と系統電圧の関係を制御する必要がある．単純にいえば，系統電圧より高い電圧でないと系統に電流は流れ込まない．系統とインバータの関係を，等価回路により図 9.31 に示す．ここで，インバータの出力電圧を V_I，系統の電圧を V_S とする．インバータと系統の間は連系リアクトル L を介している．この

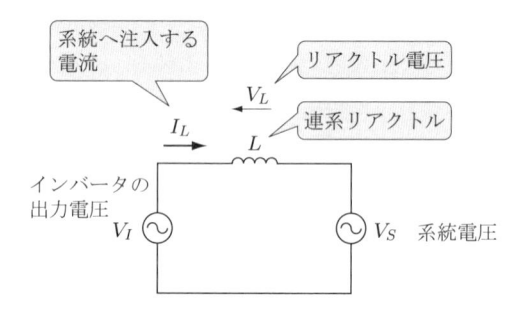

図 9.31　インバータと系統の等価回路

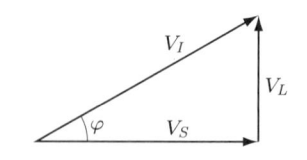

図 9.32　系統連系時のフェーザ図

ときの系統と PWM コンバータの関係をフェーザ[†]で表すと，図 9.32 のようになる．フェーザで表すということは，高調波を無視して正弦波であると仮定していることになる．

このとき，インバータの出力電圧 V_I は次のように表される．

$$V_I = kV_S(\cos\varphi + j\sin\varphi)$$

インバータから系統に流れ込む電流は，$\sin\varphi \approx \varphi$ と仮定すると，次のように近似できる．

$$I_L = \frac{kV_S\varphi}{X} - j\frac{(k\cos\varphi - 1)V_S}{X}$$

したがって，このときの有効電力 P は次のように表される．

$$P = \frac{kV_S^2\varphi}{X}$$

また，無効電力 Q は，

$$Q = \frac{(k\cos\varphi - 1)V_S^2}{X}$$

となる．つまり，系統へ流れ込む有効電力 P は，V_S と V_I の位相差 φ により制御できる．また，無効電力 Q は，インバータ出力電圧の振幅 k により制御できる．系統に有効電力のみ送り，力率＝1で運転するのであれば，

$$k\cos\varphi = 1$$

となるように制御すれば $Q=0$ となる．

この系統連系の理論は，PWM コンバータの制御でも同様である．系統連系インバータまたは PWM コンバータを用いれば，無効電力の制御（補償）も行うことができる．このような機能をもつような場合，アクティブフィルタとよばれる．アクティブフィルタは力率＝1の制御のためばかりでなく，無効電力補償（STATCOM：static synchronous compensator）を目的としているものもある．無効電力を発生させるインバータである．

PWM コンバータ（3.4節）は，制御できる整流回路なので，アクティブコンバータ（active converter）ともよばれる．また，同じ原理で，一つのスイッチング素子で力率制御を行う回路を，PFC（power factor correction）回路とよぶ．PFC 回路の例を図 9.33 に示す．一般に，PFC 回路はダイオードブ

[†] ベクトル図に類似しているが，交流量の正弦波の振幅と位相を複素数で表したものである．

リッジの後段の昇圧チョッパのオンオフで入力電流波形の制御を行う．

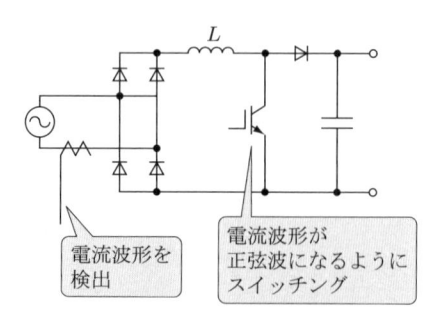

図9.33 PFC回路

（電流波形を検出／電流波形が正弦波になるようにスイッチング）

1石式のPFC回路は単純ではあるが，スイッチング素子のピーク電流が大きくなるため小容量に限られる．さらに，電源回生の制御は行えない．

10章 インバータの利用技術

インバータの多くはモータの駆動制御に使われる．その場合，インバータで制御されたモータで駆動する負荷の利用を考えてインバータを制御することが大切である．モータ以外の用途でも，その用途ごとに必要とされる性能があり，利用法がある．しかし，インバータということで共通的に考えられる利用技術もある．インバータの電気量の測定法，騒音，振動，EMC に関連する軸電流や漏洩電流，およびインバータのシミュレーション方法などは，用途にかかわらず共通である．そこで本章では，インバータを利用するための各種の関連技術を説明する．モータ駆動のためのインバータの利用技術については，書籍やインバータメーカ各社の技術資料に詳しく記載されている．そのため，ここでは，それらにあまり記載されていないことを中心に，基本となる考え方を述べる．

10.1 測定技術

10.1.1 電圧・電流の測定

電圧・電流などに高調波を含む歪み波形は，通常の商用電源用の測定器では測定できない場合がある．測定にあたっては，測定器の波形歪みに対する特性を考える必要がある．一般に，計測器の周波数特性とは，正弦波信号が正確に計測できる周波数の範囲を表している．したがって，周波数特性は歪み波形に含まれる高調波を含めて測定できるかどうかの指標にはなっていない．それぞれの測定器の原理により，測定値に対する高調波の影響が異なる．

図 10.1 に，誘導モータを VVVF 駆動しているインバータの各部の電圧・電流波形を示す．各部の波形はさまざまである．商用電源なので入力電圧波形は正弦波であるが，入力電流波形は整流回路なので歪み波形である．それとは逆に，出力電圧波形は PWM 波形のパルス列であるが，出力電流波形は歪みの小さい擬似正弦波である．これらの電圧・電流の実効値，基本波などを計測

10章　インバータの利用技術

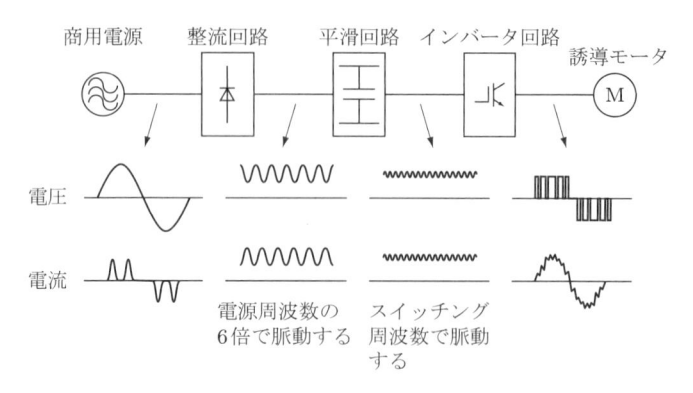

図10.1　インバータ各部の電圧電流波形

するには，歪みの大きさおよび高調波の周波数を考えて計測器を選定しなくてはならない．

　歪み波形の計測器による計測値の違いの例として，PWMインバータの出力電圧を各種の計測器で測定した結果を，図10.2に示す．この計測結果のうち，ディジタルACパワーメータの電圧指示値は，高調波を含んだ実効値に相当

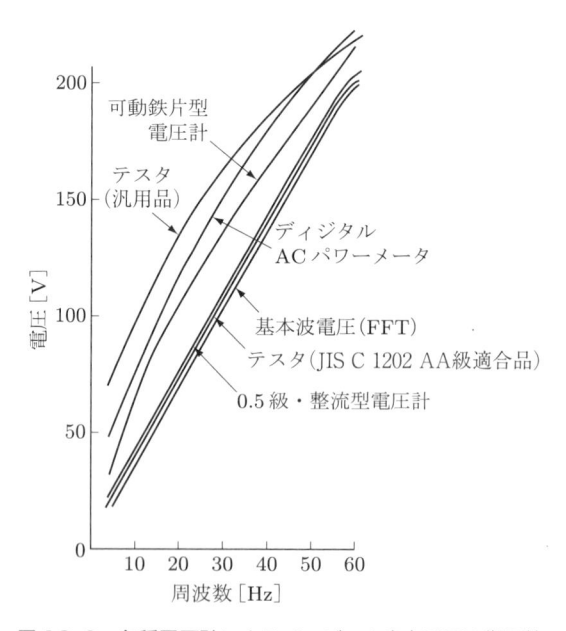

図10.2　各種電圧計によるインバータ出力電圧の指示値

する．基本波は FFT で測定したものが真の値である．整流型電圧計の指示値が基本波実効値に近い値を示している．整流型電圧計は交流を整流することにより平均値を測定し，測定値には換算係数 1.11 を掛けたものを表示して，実効値表示している[†1]．つまり，基本波を測定しているのではない．しかし，表示値が基本波の実効値換算値に近い値になることが経験的に知られており，現場ではよく使われる．

なお，一般的によく使われる可動鉄片型電圧計は，電磁力を使った原理から，歪み波形での指示値は基本波と実効値の中間の値を示す．意味のはっきりしない値を示すので，歪み波形には用いることができない．安価なテスターの交流電圧測定は，整流型が用いられていることが多い．そのため，基本波実効値に近い値が表示されるものもある．ディジタル AC パワーメータにも，平均値整流演算をして係数を乗じた V_{mean} として基本波を表示するものがある．

10.1.2 歪み波形の電力の測定法

歪み波形の電力は，8.2.3 項に示したように，各高調波成分の電圧と電流の積で表される．したがって，その次数成分の電圧・電流がともにある程度の値がないと電力値への寄与は小さい．図 10.1 に示したように，多くの場合，電圧・電流のいずれかが正弦波に近く，一方のみが歪んでいる場合が多い．そのような場合，高調波の電力としてはそれほど大きくない．そのため，電力の計測には正弦波で用いられる一般の電流力計型の電力計を用いても大きな誤差はないことが多い．ただし，一般のアナログ電力計は，測定可能な周波数帯域が限定されていることに注意する必要がある[†2]．

ディジタル AC パワーメータは，サンプリングした波形から瞬時電力を求めて各種の演算をするので，高調波を含めた電力計測が可能である．電圧・電流ともに歪みが大きい場合には，ディジタル AC パワーメータで測定する必要がある．なお，皮相電力，無効電力，力率なども表示するが，いずれも計算値である．また，三相電力を 2 電力計法で測定する場合，三相が不平衡状態では正しい値が出ない場合がある．ディジタル AC パワーメータはパワーアナライザなどの商品名でも市販されている．インバータのスイッチング周波数と

[†1] 正弦波のとき，実効値/平均値 $= \pi/(2\sqrt{2}) \approx 1.11$ となる．
[†2] たとえば，測定範囲は 45〜65 Hz．

ディジタル AC パワーメータの周波数特性との関係には注意を要する．

表 10.1 に，PWM インバータの場合に推奨されている実用的な計測器の例と，それぞれの計測器の概要を示す．

表 10.1　PWM インバータ出力を測定するための実用的計測器

測定対象	測定器	概　要
出力電圧基本波	整流型電圧計	交流を整流して，可動コイル型直流電圧計を動作させるもので，整流された平均値に正弦波に対する波形率を乗じて実効値で目盛られている（正弦波に対する波形率≒1.11）．
出力電圧実効値	熱電型電圧計	測定電流を熱線に流し，その発生熱による温度上昇を熱線中央に接合した熱電対によって直流起電力に換算し，高感度のミリボルト計で測定する．
	ディジタルメータ	実効値演算可能なもの．
出力電流実効値	可動鉄片型電流計	固定コイルに流れる電流による磁界と，その中に置かれた鉄片との間にはたらく電磁力を駆動トルクとして利用する．
	ディジタルメータ	実効値演算可能なもの．
出力電力	電流力型電力計	電流の流れている 2 個のコイル間にはたらく力，すなわち，負荷に直列に接続した固定コイルに流れる電流と，可動コイルに流れる電圧に比例した電流とによって生じる駆動トルクを利用する．
	ディジタル AC パワーメータ	入力信号をサンプリングし，電圧をパルス幅に，電流をパルス高さに比例させたパルス列を，時分割掛算器を用いて電力の測定を行うもの．なお，電圧および電流の実効値も測定できる．また，電圧は実効値表示，平均値表示も可能なものがある．

10.1.3　その他の電気的計測

高調波を含む歪み波形を評価するには，スペクトラムアナライザや FFT アナライザが使われる．FFT アナライザは，高速フーリエ変換（FFT；fast fourier transformation）を行う計測器である．電圧，電流などの時間波形を入力すれば，内部で演算を行い，各周波数成分の位相，振幅などを分析表示するものである．また，歪み率を直接表示するような計測器も市販されている．

高速フーリエ変換は，フーリエ係数を求めるための離散的フーリエ変換（ディジタル処理）を高速で行う計算手法である．離散的フーリエ変換は，時間ごとにサンプリングした波形データを逐次フーリエ変換するもので，積と和を順次

繰り返して演算する．そのため計算量が膨大になり，オンラインで演算しにくい．高速フーリエ変換は，離散的フーリエ変換の対称性を利用してデータの並列処理を行う．演算をハードウエアで行うことも可能である．FFT 演算の実用化により，リアルタイムで表示可能なスペクトラムアナライザが使用可能になった．Excel で使える FFT 演算のソフトウエアや，瞬時にスペクトラム表示可能な FFT アナライザが入手可能である．なお，FFT アナライザで得られるフーリエスペクトルは，フーリエ級数の複素数表示 X_k で表される．

$$X_k = a_k + jb_k$$

FFT アナライザに表示されるのはパワースペクトルであり，

$$|X_j| = \sqrt{a_j^2 + b_j^2}$$

である．また，位相の表示は

$$\phi_j = \tan^{-1} \frac{a_j}{b_j}$$

である．

10.2 振動・騒音

10.2.1 振動と騒音の違い

　インバータに関係する振動と騒音について述べる．インバータから振動や騒音が発生する場合，内部の部品か筐体から発生していることが想定される．市販のインバータが正常であれば，インバータが騒音を発生するということは考えにくい．部品の取り付けが緩んだなどが原因していると考えられる．

　ここでは，インバータで駆動するモータや機械などの負荷の騒音について考える．一般に，騒音は図 10.3 に示すように，何らかの力により物体が振動し，その振動が音となって空気中に放射される．加振力と運動（振動）の関係を，メカニカルインピーダンスという．メカニカルインピーダンスは，機器，部品などの振動しやすさを示している．

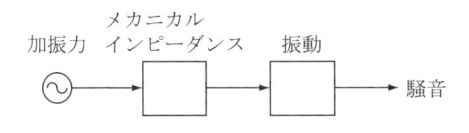

図 10.3　騒音発生のメカニズム

10章 インバータの利用技術

物体の駆動点に加えられる加振力 F [N] と，これによって駆動点に生ずる速度 $\dot{\xi}$ [m/s] との比

$$Z_M = \frac{F}{\dot{\xi}} = R_M \pm jX_M$$

をメカニカルインピーダンス，$|Z_M|$ をその大きさ，$\phi = \tan^{-1}(R_M/X_M)$ をその位相角，R_M を機械抵抗，X_M を機械リアクタンスという．メカニカルインピーダンスの周波数による変化を，図10.4 に示す．メカニカルインピーダンスを用いれば，電気回路と同じように振動の周波数特性を考えることができる．

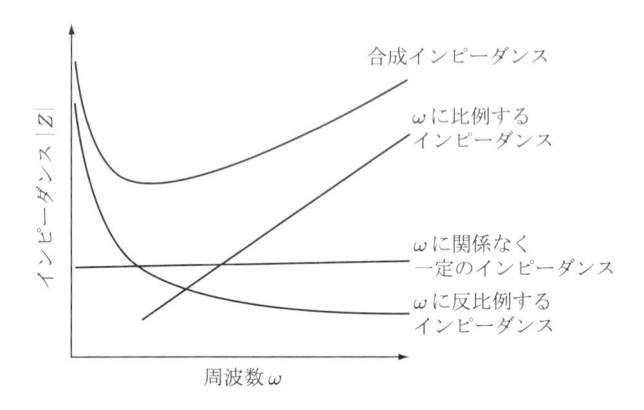

図10.4 メカニカルインピーダンス

インバータの応用機器で問題になる振動騒音は，インバータが加振力を供給することにほかならない．ここでいう加振力とは，インバータの出力する電流が原因して発生する力である．電流が流れることにより，電流の周波数で交番する力を発生する．これが加振力である．多くの場合，加振力は電気周波数の2倍となる．

電磁気的な騒音が発生するメカニズムを説明する．変圧器，リアクトルなどの電磁機器は，コイルと鉄心から構成されている．コイルに電流が流れると周囲に磁界を発生する．磁界の中を電流が流れると，コイルに力が発生する．交流電流なので電流の方向が逆転するため，コイルは電流の周波数で交番する力を発生する．これが加振力である．加振力によりコイル自身が振動する場合もあるが，コイルが装着されている機器に対しての加振力となる．コイルや機器の振動が空気に伝わると音波となり，騒音となる．

10.2.2 機械との共振

　機械などの構造物は，変形する力を与えられると元に戻ろうと逆方向に変形する．これが繰り返し起こるため振動が発生する．この振動は，重量，長さなどによって固有の振動となる．この振動周期を固有値，または固有振動数という．

　外部から固有値で強制振動された場合，物体の振動振幅は無限大になる．これを共振という．インバータでモータを駆動する場合，モータの固有値およびモータで駆動される負荷の固有値との共振があると，振動や騒音が発生する．

　回転体の振動には曲げ振動，ねじり振動がある．曲げ振動しながら回転すると，振れ回り運動をする．曲げ振動の固有値と共振する回転数を危険速度という．これらは回転体の運動により発生するもので，インバータが原因しているものではない．また，このほかに回転体の振動としては，不つり合いによる振動と回転変動による振動も考慮する必要がある．

　インバータが回転体の振動騒音に影響する場合，インバータの高調波の周波数と，これらの回転体の振動固有値との共振を考慮しなくてはならない．

10.3　力率改善

　インバータの力率には，8章で述べたように総合力率と基本波力率がある．電源に対して，インバータ入力の基本波力率はほぼ1である．ところが高調波があるので，総合力率は低くなってしまう．電源容量は総合力率により決まる．そのためには，総合力率の改善が必要である．

　インバータの総合力率は，図10.5に示すように，入力電流波形が高調波を含み歪んでいることによる．図(a)に示すように電源インピーダンス[†]が小さいと，より歪みが大きくなる．そこで，図10.6のように，電源インピーダンスが大きくなるようにリアクトルを挿入する．これがリアクトルによる入力力率の改善の原理である．リアクトルを挿入すると波形が改善され，図10.5(b)のようになる．なお，力率改善リアクトルを用いると，それによる電圧降下も生じてしまうことに注意を要する．そのため，インバータの出力電圧も数％低下する．

[†] 負荷から見た電源の内部抵抗分．商用周波数の機器では，電流を流すと電圧が低下するだけの現象であるが，インバータの場合，電流の高調波成分へも影響するので，電源インピーダンスにより入力波形が変化する（9.3.1項参照）．

10章　インバータの利用技術

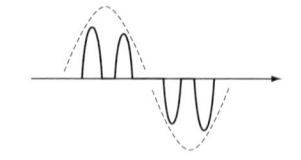

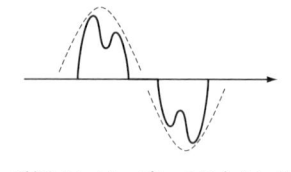

（a）電源インピーダンスが小さい場合　　（b）電源インピーダンスが大きい場合

図 10.5　インバータの入力電流波形

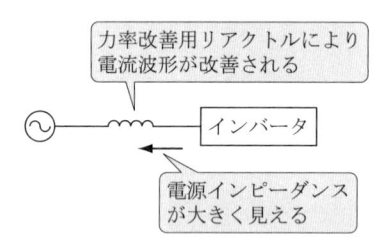

図 10.6　力率改善用リアクトル

　インバータから見た電源インピーダンスは，入力トランスがある場合，入力トランスのインピーダンスとリアクトルのインピーダンスの合成になる．それぞれのインピーダンスをインバータ容量（kVA）に換算したパーセントインピーダンスで表して和をとる．これがインバータから見た電源のパーセントインピーダンスである．入力トランスがない場合，リアクトルのパーセントインピーダンスのみで考慮する．一般的に，インバータの kVA 換算の電源のパーセントインピーダンスが 2〜3% になれば，総合力率は 85% 以上になるといわれている．このように，電源インピーダンスという観点でリアクトルを検討すると，必要なリアクトル容量も計算できる．

　PWM コンバータやアクティブフィルタを用いて力率改善することは当然可能であるが，そのためのコストが必要である．

10.4　漏洩電流と軸電流

　インバータの入出力配線には，絶縁した電線（ケーブル）が使われる．このような電線は，導体である心線の周りを絶縁物で被覆してある．絶縁物とは誘電体であり，誘電率をもつ．したがって，電線が大地を這うように配線されたとすると，大地と心線の間に次のような静電容量をもつ．

10.4 漏洩電流と軸電流

$$C = \frac{\varepsilon S}{d}$$

ここで，d は誘電体の厚み，S は対向面積である（図10.7）．

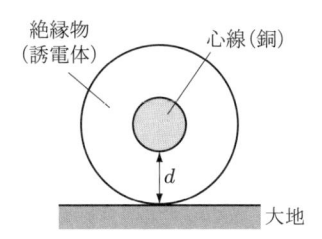

図10.7 ケーブルの断面図

つまり，このような配線は，大地との間に $Z = 1/j\omega C$ のインピーダンスをもつことになる．周波数が高いほどインピーダンスは小さい．このような電線に高調波を含んだ電流が流れると，インピーダンスを介して心線から大地に電流が流れる（図10.8）．これを漏洩電流という．漏洩電流は，配線長が長いと増加する．また，インバータのスイッチング周波数が高いほど増加する．漏洩電流の増加は，ブレーカの誤作動やモータの軸電流を招くことになる．

漏洩電流は，インバータのスイッチングによって発生する高周波の成分のみの電流である．図10.9に漏洩電流の波形を示す．インバータのスイッチングごとに，バースト状に電流が流れている．この電流波形には，キャリア周波数とその整数倍の周波数成分が含まれている．この電流は，図10.10に示すように三相ケーブルの各線から大地へ流れる．

漏洩電流により，国内でよく使われている漏電遮断器（ELCB）が誤動作してしまう．漏電遮断機は，三相の電力線を3本とも一つのCTコアに貫通させたゼロ相CTにより漏電を検出する．すなわち，漏電していない場合，3本

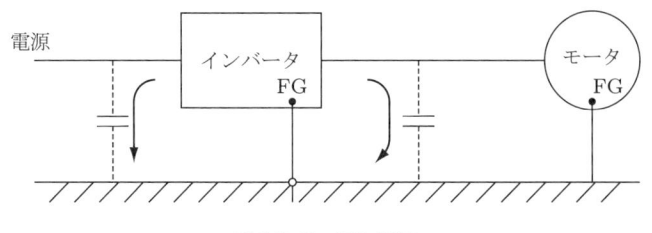

図10.8 漏れ電流

10章　インバータの利用技術

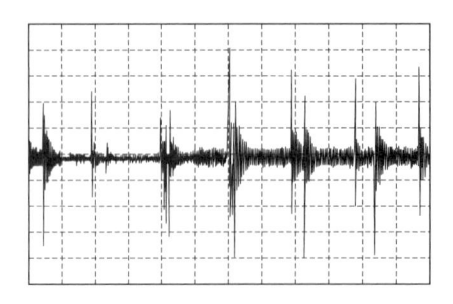

図10.9　漏洩電流の波形

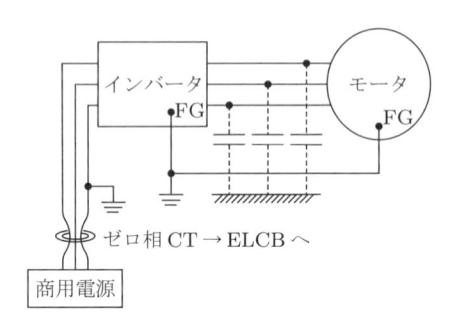

図10.10　漏洩電流と漏電遮断器

の線を流れる電流の和はつねに0である．いずれかの相から大地に漏電するとバランスがくずれ，CTが電流を検出する．このような原理なので，大電流の回路でも微小な漏電電流を検出できる．図8.16(a)に示したように，国内では電源相のうち一相が接地相である．そのため，大地に流れた漏洩電流は接地相のS相の電流に重畳され，S相の電流のみが見かけ上大きくなる．この状態は三相アンバランスがあるのと同じであり，ゼロ相CTが検出してしまう．そのため漏電状態と誤認識するのである．これは，図8.16(b)に示したような欧米でよく見られる中性点接地方式では生じない現象である．

さらに，同様な現象がモータの軸受にも影響する．図10.11に示すように，モータコイルは絶縁物を介して鉄心に組み込まれている．コイルにはインバータ出力電流が流れるため，高周波成分が含まれている．モータコイルの絶縁物が静電容量となり，モータフレームに高周波電流が流れる．一方，モータの回転子は機械と接続されており，大地の電位である．そのため，軸受の内外輪の間に漏洩電流に対応する電位差が生じる．通常，軸受のすき間はごくわずかな

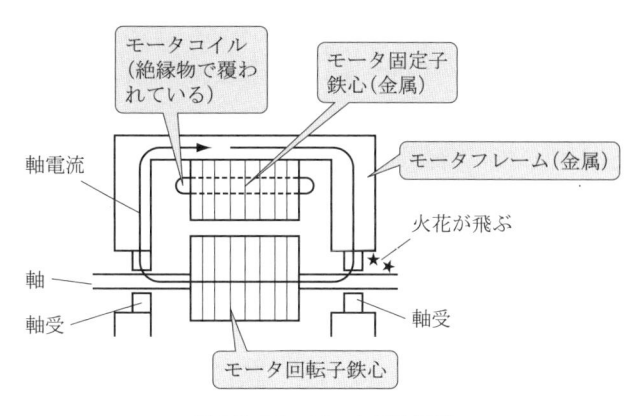

図 10.11　モータの軸電流

ので，ここの電界強度（V/m）は著しく高くなる．そのため，内外輪間で絶縁破壊してしまう．絶縁破壊による火花が軸受表面を損傷する．

このような軸電流による軸受焼損を防ぐには，絶縁型の軸受を使い，回転子を電気的に絶縁することが必要である．大型機では絶縁型の軸受が使えないため，回転子にアースブラシを設け，軸電流をアースに流す方式もある．

10.5　EMC とノイズ

10.5.1　EMC とは

EMC（electro-magnetic compatibility）とは，電磁両立性，または電磁環境両立性とよばれ，電磁波などの電磁気的環境での性能を指す．両立性というのは，電磁気的にどの程度他に妨害を及ぼすか（電磁妨害，EMI：electro-magnetic interference）ということと，どの程度電磁妨害の感受性があるか（電磁感受性，EMS：electro-magnetic susceptibility）の二つの指標を両立させるからである．大電流をスイッチングするインバータでは，電磁妨害の発生をゼロにすることは不可能である．また，小信号で高速処理している制御回路が，ノイズでまったく誤動作しないように製作するということも不可能である．そこで，EMC は両者のレベルを統一し，電磁妨害の発生レベルを定めるとともに，そのレベルの電磁妨害では誤動作しないように求めるものである．

インバータを運転すると，図 10.12 に示すように，外部に電磁気的に影響を及ぼす．一般にはノイズというが，これを 2 種類に分類する．インバータか

ら高周波の電磁波を発生する．これを放射性ノイズという．また，インバータから電源線に高周波の電流を流出する．これを伝導性ノイズという．伝導性ノイズは，放射性ノイズより低い周波数を対象にしている．EMCは，この二つのノイズを扱う．EMCで通常対象としないものには，ケーブルなどからの漏洩電流（10.4節）および電源電流の波形の歪みによる高調波がある．これらはEMCより低い周波数なので，個別に取り扱う．これらを表10.2に示す．

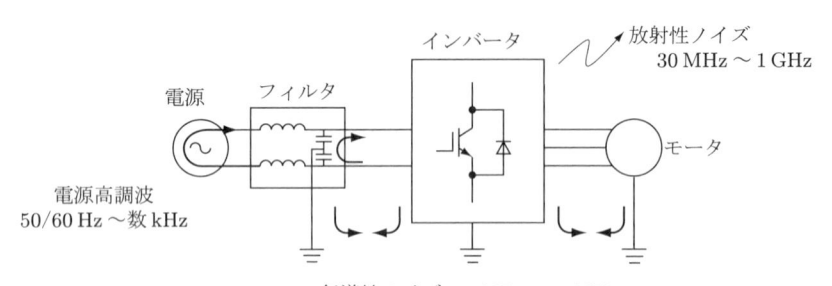

図10.12 インバータの発生するノイズ

表10.2 インバータの外部への電磁気的影響

名　称	形　状	周波数	対応すべき規格
放射性ノイズ	電磁波	30 MHz～1 GHz	EMC
伝導性ノイズ	高周波電流	150 kHz～30 MHz	EMC
漏洩電流	高周波電流	キャリア周波数の数倍	なし
電源高調波	高調波電流（歪み）	電源周波数の40次まで	高調波規制

10.5.2　伝導性ノイズ

伝導性ノイズは，雑音端子電圧により評価される．雑音端子電圧とは，電源端子においての電源波形に重畳した高周波電圧である（図10.13）．EMCでは，周波数ごとに雑音端子電圧の値を規定している．伝導性ノイズは電源線を通して他の機器に入り込み，誤動作，雑音の発生などの原因となる．

伝導性ノイズは，電源のほかに接地も経由して伝播する．そこで，伝導性ノイズを，図10.14に示すようにノーマルモードとコモンモードに分けて考える．ノーマルモードはディファレンシャルモードともよばれ，電源の2線を渡って流れるノイズ電流である．一方，電源線のうちの1線とアース間を流れ

10.5 EMCとノイズ

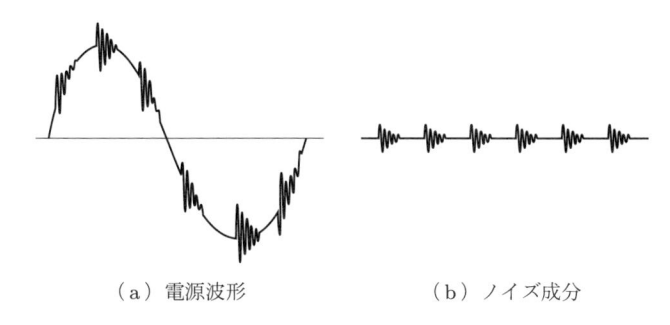

（a）電源波形　　　　（b）ノイズ成分

図 10.13　雑音端子電圧

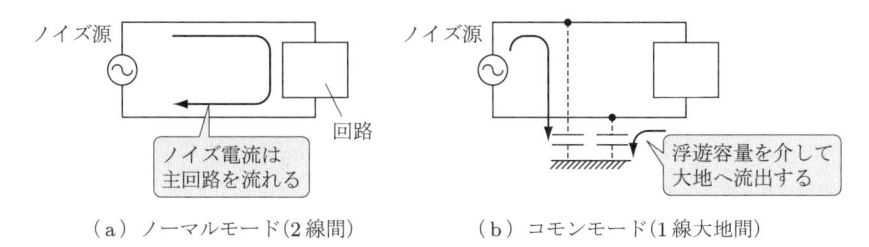

（a）ノーマルモード(2線間)　　　（b）コモンモード(1線大地間)

図 10.14　伝導性ノイズ

るノイズ電流をコモンモードノイズという．

　ノーマルモードノイズは，ノイズ源が主回路電流の経路にあると想定できる．主回路電流と同じ経路で高周波電流が流れる．一方，コモンモードノイズは主回路と接地電位の間の浮遊容量などを通して，大地または接地線に流れるノイズ電流である．ノーマルモードの高周波電流が流れると，絶縁物などの静電容量を通してコモンモードのノイズ電流も発生する．

　ノーマルモードとコモンモードの二つのノイズを対象とするのは，国内の屋内配電での接地方式が，図8.16(a)に示したように電源の一相を接地電位にしているためである．

　このほか，伝導性ノイズにはパルス性のノイズ，およびサージ性のノイズがある．パルス性のノイズは，リレーやモータなどの開閉により発生する．立ち上がりが速く（1 ns以下）ピーク電圧は数kVの場合もある．このようなパルス性ノイズは比較的エネルギーが大きいので，通常のフィルタでは飽和してしまうことがある．また，サージ性ノイズは誘導雷により電源ラインに発生する．高電圧，大電流であり，アレスタなどのサージ対策用素子が必要となる．

10.5.3 放射ノイズ

インバータでスイッチングすると，図 10.15 に示すようにリンギングが生じる．このようなリンギングが周辺回路の浮遊インダクタンス，分布キャパシタンスと LC 共振した場合，大振幅で回路に流出する．また，リンギングにより発生したパルス（列）は，発生源から進行波となってケーブルを伝播し，そのまま負荷に向かって流れ込む．進行波は，負荷端子でインピーダンスが急変するため反射する．反射波は電源で再度反射する．このように反射を繰り返すことにより，線路長とパルス間隔が同期した場合，振幅が増幅されてしまう（図 10.16）（4 章のコラム参照）．

図 10.15　リンギング

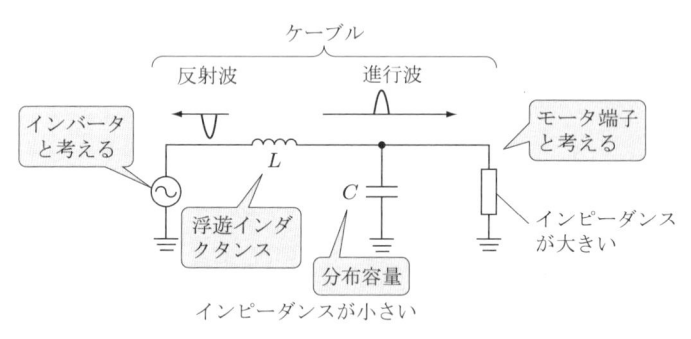

図 10.16　パルスの反射

インバータ内部の主回路では，このように高周波電流が流れている．インバータ主回路の導体に高周波電流が流れているので，導体がアンテナとなり，周囲に電磁波を放射する．しかし，インバータのケースを十分に厚みのある導体で構成し，アースに接続すれば，電磁シールドとなって外部に放射しない．空冷の場合には通風孔，配線などがあり，通常は気密構造にはならないので，外部への放射は避けられない．

10.5.4 ノイズ対策

ノイズは発生源から伝播し，侵入先に到達する．ノイズによる障害を防ぐには，ノイズを発生しないこと，ノイズを伝播させないこと，およびノイズを受けにくくすること，いずれかが成り立てばよい．

ノイズの発生源はさまざまである．雷，静電気のような自然現象でもノイズを発生する．自動車の点火プラグのような火花放電からもノイズは発生する．また，ディジタル回路やパワエレ機器のスイッチングによる発生もある．そのため，ノイズをまったく発生しないようにはできない．発生したノイズが小さくなるようにノイズ源で対策する．

ノイズの伝播経路は，伝導性ノイズでは導体である．また，放射性ノイズは空間である．しかし，伝導性ノイズが空中に放射される場合もあり，逆に放射性ノイズが電磁気的な結合により伝導性ノイズになる場合もある．すなわち，ノイズの伝播経路は無数にあり，また，互いに関連している．

ノイズ対策の基本は，図 10.17 に示すように，ノイズを出さない，入れない，である．放射性ノイズにはシールドが有効である．機器を電磁気的に完全に遮蔽できれば，ノイズはシールドを越えて出入りできない．伝導性ノイズは，フィルタにより伝播させないのが効果的である．

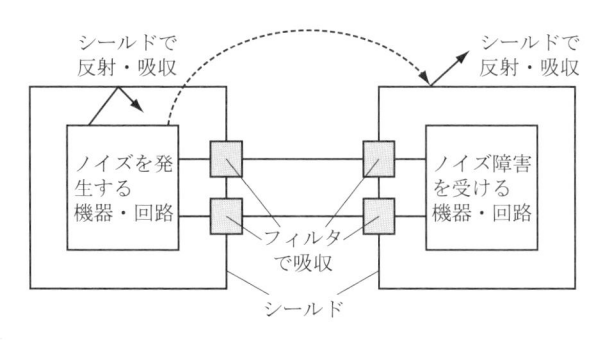

図 10.17 ノイズ対策

フィルタについて述べる．もっとも一般的なノイズフィルタの基本回路を，図 10.18 に示す．このフィルタはラインフィルタとよばれ，電源と機器の間に配置し，電源ラインのノイズの侵入を防ぎ，かつ，機器内部で発生したノイズを電源ラインに流さない効果がある．ここで，C_x は電源線の間に接続するコンデンサで，ノーマルモードノイズに効果がある．C_y はコモンモードのノ

図 10.18　ノイズフィルタの基本回路

（a）ノーマルモードに対して　　（b）コモンモードに対して

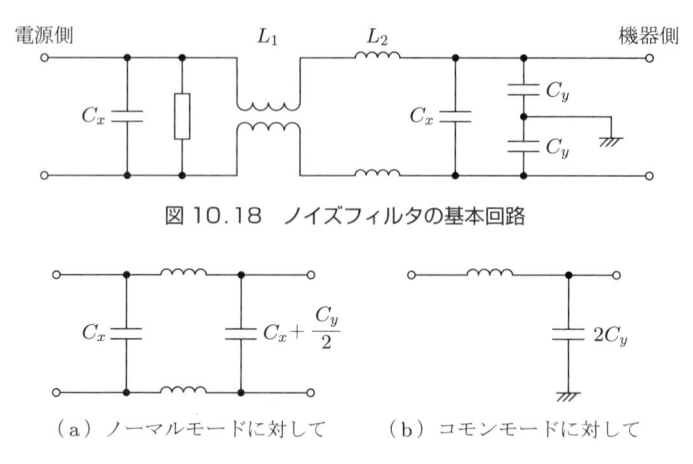

図 10.19　ラインフィルタの等価回路

イズをアースに逃がす効果がある．C_y は 2 個直列なので，C_x の効果もある．L_1 はコモンモードチョークとよばれる．コモンモードチョークは，二つのコイルの結合によりコモンモードノイズを打ち消す効果がある．さらに，コンデンサとの組み合わせで，ノーマルモードに対しては図 10.19(a) のようなフィルタ回路と等価になる．コモンモードに対しては，図 (b) のような等価回路になる．

回路設計におけるノイズ対策は，現物のレイアウトにより細かく検討する必要がある．ノイズを発生する部品またはノイズで誤動作する部品を特定し，プリント基板のパターン，そこに至る配線，近隣部品との結合などの細かい観察が必要になる．その際，次のような対策を行う．

- ノイズの侵入を防ぐ
　　フィルタの追加，シールド，ベタアース[†]
- 侵入したノイズ成分をバイパスさせる
　　バイパスコンデンサ
- 信号の電力の安定化
　　電源強化，インピーダンス低下

図 10.20 に，各種のノイズを示す．

[†] プリント基板の信号や電源パターン以外の部分を，接地のパターンで塗りつぶすこと．

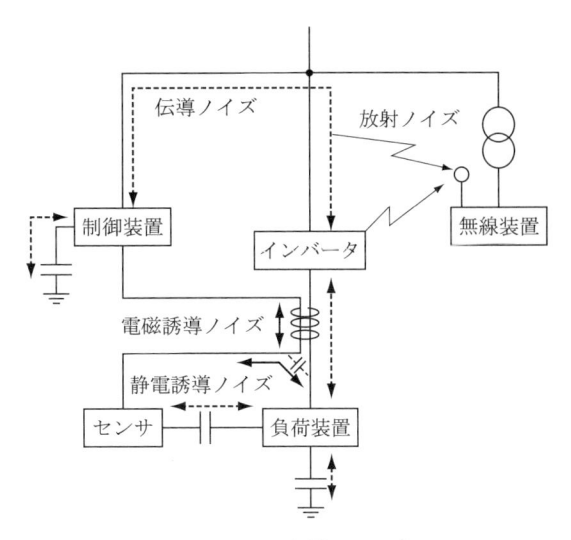

図 10.20　各種のノイズ

10.6　回　生

　モータは，電気エネルギーを供給するとトルクを発生し回転する．モータは電気エネルギーを，回転力という力学的エネルギーに変換するエネルギー変換機器である．これとは逆に，外部から回転させることにより力学的エネルギーを電気エネルギーに変換することもできる．これが発電機の原理である．通常は，モータとして使用していても，減速するためには余剰な力学的エネルギーを何らかの形で消費しないと回転数が低下しない．このときの発電作用により減速することを回生とよんでいる．回生に対し，定速運転または加速を力行(りきこう)とよぶ．

　回生しない場合，減速すると力学的エネルギーが低下するので，余剰なエネルギーは他のエネルギーに変換される[†]．回転体の運動エネルギーは熱エネルギーに変換され，回転体の温度が上昇する．慣性が大きい負荷の場合，回転運動のエネルギーが大きいので，減速による発熱が問題になることがある．

　ある回転数 ω_1 から ω_2 まで t 秒間に減速したとする．このとき変換すべき運動エネルギー ΔU は

[†] エネルギー保存の法則による．

$$\Delta U = \frac{1}{2} I_s (\omega_1^2 - \omega_2^2)$$

となる．ここで，I_s は回転体の慣性モーメントである．このエネルギーを電気エネルギーに変換すると，

$$V \cdot I \cdot t = \Delta U$$

となる．減速時間 t が短いほど，回生により発電する電力は大きくなる．また，モータが接続されていると，回転によりつねに発電作用が生じている[†]．つまり，回生しないで停止すると，電流 I がゼロになるので電圧 V が急激に上昇する．これにより，各部が過電圧により破壊する可能性がある．

　回生電力の処理としてよく行われるのは，次の方法である．

(1) 直流電圧を上昇させる．
(2) 回生抵抗を接続し，発熱により消費する．
(3) 電力を電源に戻す．

　モータからの回生電力は交流電力である．交流電力は，インバータの帰還ダイオードが三相ブリッジとなり整流され，直流リンクに供給される．このとき，直流回路の電圧が上昇する．電圧上昇が許容値以下の場合，何も処理する必要はない．平滑コンデンサに回生エネルギーが蓄積されるだけである．このエネルギーは力行時に利用できる．

　直流電圧の上昇が許容できない場合，回生抵抗を接続する．回生抵抗を図 10.21 に示す．回生抵抗は電圧上昇時のみ接続する．そうしないと，抵抗で

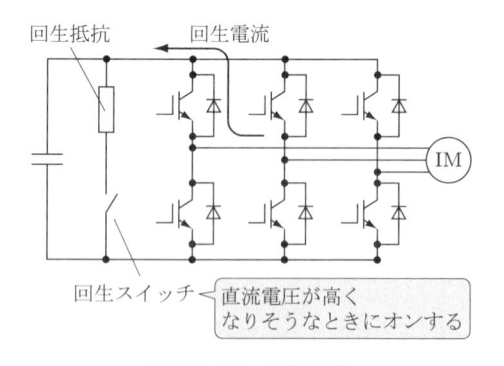

図 10.21　回生抵抗

[†] フレミングの右手の法則により，モータ作動をしていても回転による起電力がつねに発生している．

常時電力を消費してしまう．回生抵抗は制動抵抗とよぶ場合もある．抵抗値は直流電圧の上限とインバータの半導体デバイスの最大電流から決める．また，抵抗の電力定格は減速時間，繰り返しなどの負荷の運転パターンも考慮に入れて決める．

電源に回生する場合，モータの減速中の回生電流を制御する必要がある．直流電源がバッテリーの場合，バッテリーの充電電流には上限がある．バッテリーの充電電流 I は，バッテリーの内部抵抗 R_s により次のようになる．

$$I = \frac{V_{REGEN} - V_{BATT}}{R_s}$$

ここで V_{REGEN} は回生電圧，V_{BATT} はバッテリーの電圧である．このため，回生ブレーキを使う場合，電源状況によっては必要とするブレーキ力を得られない場合がある．鉄道の場合，架線電圧が高いと回生できない状況が発生する．これを回生失効と呼んでいる．電気自動車（EV），ハイブリッド車（HEV）の場合は，油圧ブレーキとの協調制御でこの状況を回避している．

交流電源に回生する場合，PWMコンバータにより電源線に流し込む交流の周波数，電圧，位相などを制御する必要がある．なお，回生電力が構内で消費できる場合は大きな問題はない．回生電力が受電点から外部の商用系統へ流出する場合は，逆潮流ありの系統連系となってしまう．しかし，頻繁に発停を繰り返すような特殊な用途を除き，商用系統に大電力を連続回生することはそれほどないと考えられる．

10.7 インバータのシミュレーション

本節では，インバータのシミュレーションによる動作の解析方法について説明する．

10.7.1 インバータの動作

インバータを解析するためには，その動作の特徴を明らかにする必要がある．インバータの動作は次のようなものだと考えられる．

(1) スイッチング動作

パワーデバイスを周期的にオンオフさせ，オン時間を調節することにより電

圧・電流を制御する．スイッチングを正確に表すことが必要である．
　スイッチをモデル化するのに，次のような各種のモデルが考えられる．
- 理想スイッチ（オン抵抗ゼロ，オフ時は切り離す）
- 理想スイッチ＋オン抵抗＋オフ抵抗
- 非線形抵抗
- 等価回路
- 半導体モデル
- 抵抗＋インダクタンス

(2) スイッチの切り換えごとに回路が変わる（転流）

　スイッチングにより回路（モードとよぶ）が変化してしまうので，そのたびに回路方程式を変更しなくてはならない．図 10.22 に示すように，スイッチオン時のモードとスイッチオフ時のモードでは回路がまったく変わる．スイッチングの時点で回路が切り換わるが，このときの境界条件は，連続する場合も，断続する場合もある．

対象とする回路

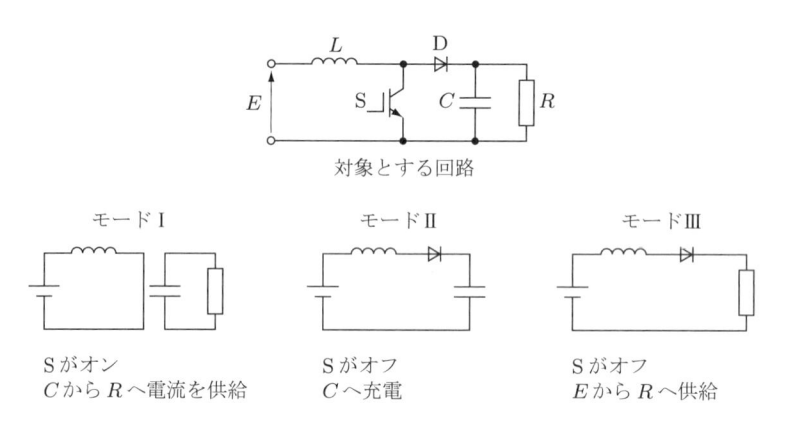

モードⅠ　　　　　　　モードⅡ　　　　　　　モードⅢ
Sがオン　　　　　　　Sがオフ　　　　　　　Sがオフ
CからRへ電流を供給　Cへ充電　　　　　　EからRへ供給

図 10.22　モードの切り換わりの例

(3) 制御回路と主回路を同時に解析する必要がある

　パワー素子は制御回路により制御される．制御回路の動作は，アナログ回路，ディジタル回路，ブロック線図あるいは微分方程式など，さまざまな形で表現される．これの動作を含めて解析する必要がある場合が多い．

(4) 含まれる系の時定数が大きく異なる

パワー半導体デバイスのスイッチング波形を問題にする場合，対象とする時間は数 ns である．デバイスの短絡では数 μs である．入力電流の波形を考慮する場合，数 100 μs の時間を対象にする．駆動するモータの応答を考慮するのであれば，数 ms である．インバータやモータの温度上昇を考えるなら，数 10 分である．スイッチング周期に対応して計算の刻み幅を決めると，膨大な計算が必要になることがある．

インバータを解析しようとすると，これらすべてが含まれる解析を行う必要がある．さらに，対象とする時間にふさわしい時間刻みでの解析が必要である．

10.7.2 インバータの解析の考え方

前節で述べたように，インバータは多くの時定数の異なる系の集合体である．そのため，一つの解析でインバータのすべての動作を解析することはできない．そこで，解析目的に応じてインバータのモデルを次のように大きく分けて考える．

(1) 理想スイッチモデル

インバータの動作をオンとオフの二つの状態のみ考える．スイッチの動作遅れ，過渡現象は無視する．図 10.22 で示したように，スイッチのオンオフごとに回路が切り換わり，それぞれを解析していく．

PWM パターンの細かい評価や，スイッチングによる電圧・電流などのリップルなどの解析に利用できる．L, C の選定には有効な方法である．また，負荷を含めた立ち上がり特性などの解析も可能である．

(2) 半導体モデル

半導体デバイスの内部を等価回路で表したり，電子輸送モデルで表したりして，デバイスの動作を正確に表す．デバイスの内部モデルはデバイスメーカが公表しているので，一般的な回路シミュレータで解析できる．

スイッチングに伴うサージの解析などができるので，駆動回路，スナバなどの設計に利用できる．

(3) 平均値モデル

スイッチング動作をまったく無視して，インバータ出力電圧を正弦波として解析する方法である．つまり，基本波のみ考慮し，インバータを交流電源として解析する．負荷や電源系の有効電力，無効電力の解析，負荷特性などの解析が可能である．

10.7.3 シミュレータの利用

インバータの解析を行う場合，ごく特殊な場合を除いて汎用シミュレータが使用可能である．インバータの解析によく用いられる汎用シミュレータについて紹介する．

(1) EMTP 系

EMTP (Electro Magnetic Transient Program) は，もともと電力系統の解析用に開発されたプログラムである．系統解析用のため，発電機，電動機のモデルやサージの取り扱いも組み込まれている．電力系統，回転機などを含めた解析に適している．伝達関数も扱えるので，制御系も取り扱い可能である．理想スイッチは取り扱えるので，スイッチング動作も表すことはできるが限界がある．

EMTP はライセンスフリーの ATP をはじめ，市販のシミュレータが数多く存在している．

(2) SPICE 系

SPICE (Simulation Program with Integrated Circuit Emphasis) はその名のとおり，IC 設計用のソフトウエアとして開発された．早くから市販されたため使い慣れているということもあり，普及している．パワー素子のモデルも用意されており，理想スイッチにオン抵抗，オフ抵抗を与えることも可能である．スイッチング現象を解析するのに向いている．しかし，スイッチング回数が多い場合，収束性に問題があり，計算が膨大になることがある．

(3) MATLAB/Simulink

制御系の設計ツールである MATLAB/Simulink は，回路の解析ソフトではない．基本的に，ブロック線図により表現される系の動作を解析するものであ

10.7 インバータのシミュレーション

る．制御系のソフトとして一般的なので，他のシミュレータとリンクさせて使うことも多い．市販品ではパワー素子モデルなども含まれているものもある．

(4) Saber

Saber は，システムレベルのシミュレータである．SABER は動作を記述したモデル構築用言語（MAST；modeling analog system template）を用いている．そのため，電気系のみならず，機械系，デジタル系，アナログ系，オペアンプなどの各種の動作を記述できる．したがって，電気機械系の連成解析が可能である．

(5) PSIM

PSIM は，パワーエレクトロニクス回路のシミュレーションを目的に開発されたシミュレータである．PSIM の特徴は，スイッチを理想スイッチモデルに限定して計算速度を速め，PWM 制御などの解析が容易になっていることである．制御系はブロック線図で扱うことができる．スイッチの損失は，可変抵抗として扱っている．

(6) SIMPLORER

SIMPLORER は，パワー素子のモデルとして，等価回路モデル，非線形抵抗モデル，SPICE モデルなど，種々の選択が可能である．また，デジアナ混在回路の解析も可能である．

以上のように種々のシミュレータがあるが，一つのシミュレーション条件ではすべての動作を明らかにすることができない．表 10.3 に示すように，対象とする現象にふさわしいシミュレータを選択し，さらにシミュレーション条件を選択する必要がある．

10章 インバータの利用技術

表10.3 インバータのシミュレーションで対象とする現象

対象とする現象	波形と対象時間刻み	モデル	解析例
デバイスの動作	10〜100 ns	デバイスモデル 非線形抵抗	デッドタイム スナバ 短絡 スイッチング損失
PWM	10μs〜1 ms	理想スイッチ＋抵抗 デバイスモデル 非線形抵抗	トルクリプル 波形歪み モータ効率 スナバ損失
入力電流	100μs	理想スイッチ	高調波 入力力率
モータ	1〜100 ms	電圧源電流源 理想スイッチ	モータの応答
サージ	1〜100μs	等価回路 (浮遊容量)	サージ
EMC	1〜10 ns	デバイスモデル (浮遊容量)	ノイズ サージ
電力	1〜100 s	平均値モデル	有効電力 平均電流

10.7 インバータのシミュレーション

朝刊がカラーになったのはインバータのおかげです

　皆さんは，毎朝の新聞がカラー印刷で配達されるのを何も不思議に思っていないかもしれません．でも，カラー印刷の新聞はインバータのおかげなのです．

　いまから 20 年前のまだ 20 世紀だった頃，日曜版だけがカラー印刷だったことを覚えている読者もいると思います．カラー印刷は黒インクのほかに 3 原色のインクを印刷しなくてはなりません．それらのドットをぴったり合わせて印刷する必要があります．新聞の輪転機は，1 時間に数 100 万部を印刷する高速印刷機です．このような速度で 4 回印刷して，しかもドットがずれないように印刷するのは至難の業だったのです．そのため，カラー印刷は通常よりもゆっくり印刷する機械を使って，週に 1 回，日曜版だけに使っていたのです．

　カラー印刷を実現するためにいろいろな努力がされました．最終的には，輪転機を駆動するモータを精密に同期させることでカラーの輪転機が実現しました．輪転機 1 台には 50 台以上のサーボモータが使われています．このモータを完全に同期させることができる高精度のインバータ制御のおかげで，毎朝カラーの新聞を読むことができるようになったのです．

おわりに

　本書は，インバータを深く理解したい人のために，筆者の経験をもとに書いたものである．インバータの技術は総合技術であり，周辺の多くの技術の集大成であることを改めて実感した．今後，ますますインバータの利用が広まると思われるが，それに伴って，インバータはますます目立たない存在になっていく．エアコンも蛍光灯も，当初はインバータを広告の宣伝文句に使っていたが，いまやもう当たり前すぎて，インバータが付いていることは商品の特徴になっていない．自動車用の電動カーエアコンでは，インバータはエアコンのコンプレッサに一体化され，どれがインバータか見ただけではわからない．インバータは，名前もモノも目立たない存在になってきているのである．

　しかし，本書を読んでおわかりのように，インバータの技術は幅広く，かつ奥深い．なかなか簡単にインバータのベテランにはなれないのである．本書で述べたことは，現在のインバータの技術は，何らかの制約のうえで性能を発揮するための技術であるということである．技術の進歩により制約が減っていくと，苦労していたことが簡単にできるようになる．しかし，また新たな課題も生じることであろう．

　いつの日か，壊れない，万能なパワー素子が出現し，どんな演算でもすぐできる賢い制御装置が出現することであろう．そして，制約なしにインバータの設計ができる日もやって来ると期待したい．

　その日までは，インバータ技術者の苦労は続くのである．

さらに勉強する人のために

全般

- パワーエレクトロニクスハンドブック編集委員会：パワーエレクトロニクスハンドブック，オーム社（2010）
- 森本雅之編著：EE Text パワーエレクトロニクス，オーム社（2010）
- 堀孝正編著：新インターユニバーシティ　パワーエレクトロニクス，オーム社（2008）
- 大野榮一編著：パワーエレクトロニクス入門（改訂4版），オーム社（2007）
- 金東海：パワースイッチング工学，電気学会（2003）

3章

- 電気学会・半導体電力変換システム調査専門委員会編：パワーエレクトロニクス回路，オーム社（2000）

5，6章

- 富士 IGBT モジュールアプリケーションマニュアル，富士電機デバイステクノロジー（2004）
- 三菱パワーモジュール MOS 活用の手引き，三菱電機

6章

- 鈴木順二郎，牧野鉄治，石坂茂樹：FMEA・FTA 実施法，日科技連（1982）
- 中尾政之：失敗百選，森北出版（2005）

7章

- 谷口勝則：PWM 電力変換システム，共立出版（2007）

9章

- 中野孝良：交流モータのベクトル制御，日刊工業新聞社（1996）
- 杉本英彦編著，小山正人，玉井伸三著：AC サーボシステムの理論と設計の実際，総合電子出版社（1990）

10章

- 安川電機製作所：インバータドライブ技術　第3版，日刊工業新聞社（2006）
- パワーエレクトロニクスのシミュレーション技術，電気学会技術報告761号（2000）
- 野村弘，藤原憲一郎，吉田正伸：PSIM で学ぶ基礎パワーエレクトロニクス，電気書院（2007）

索引

■英数先頭
12 ステップインバータ　29
180 度通電　17
2 レベルインバータ　25
3 レベルインバータ　25
6 ステップインバータ　17

ACCT　84
AC リンク　33
CT　84
CVCF　27
DCCT　84, 90
DC リンク　33
EMC　30, 31, 145
ESR　56, 58
FFT アナライザ　178
FIT　96
FTA　99
H ブリッジ　12, 23, 24
　　──回路　11
MPPT 制御　169, 171
MTBF　95
MTTF　96
NPC インバータ　26
PAM 制御　150
PDM　33
PFC　173
pn 接合　41, 91, 93
PWM 制御　25
STATCOM　173
tan δ　57
T-N システム　143

VVVF 駆動　153, 175
V 結線　39
ZCS　30, 31
ZVS　30, 31

■あ行
アクティブフィルタ　173
アーム　23, 72
　　──短絡　88
アレニウスの法則　59, 91
渦電流　35
エージング　95
エネルギー変換　1, 4
オンディレイ　160
オン電圧　8
温度上昇　64

■か行
回生　62
　　──失効　193
　　──抵抗　192
ガイドライン　166
可制御デバイス　41
過渡現象　6, 48
慣性モーメント　192
奇関数　122
帰還ダイオード　14
起電力定数　151
逆起電力　6, 35
逆潮流　166, 193
逆バイアス安全動作領域　90
逆変換　4

ギャップ　49
キャリア周波数　27, 110
キャリア信号　100, 116
キャリア変調方式　103
偶関数　121
空心コイル　49
矩形波　12, 117
駆動回路　45, 69
蛍光灯　2, 35
系統連系　38
ゲート信号　69
ゲート抵抗　71
高調波成分　124
故障率　95
コモンモード　186
固有値　181

■さ行
サイリスタ　9
サージ　30, 31, 69, 78, 79, 195
三相の対称性　107
磁界オリエンテーション方式　162
磁気エネルギー　37, 48, 49
軸電流　185
自己消弧　44
　——型　42
磁束　107, 160
シャント抵抗　63, 83
寿命　59
瞬時値制御　114
瞬時電力　131, 177
順変換　4
順方向　71
昇圧チョッパ　37
スイッチング　4
　——損失　30, 78
整流回路　22, 36
絶縁　83
　——アンプ　83, 85
　——耐力　93
　——抵抗　96

接地相　141, 143
接地電位　24, 126
相間リアクトル　29
総合力率　133, 139, 181
総合歪み率　133

■た行
対地電位　23
耐熱クラス　92
ダーリントン接続　43
単一電源方式　73
単相3線式　167
単独運転　168
短絡　141
　——耐量　87
中性線　143
中性点　17
チョーク　47
直流バス　22, 81
直流リンク　22
チョッパ　5, 8, 150, 169, 174
ディレーティング　64, 96
鉄心　49, 51, 83
鉄損　52
デッドタイム　75, 168
デューティ　73
　——ファクタ　5
電圧共振スイッチ　32
電圧源　18, 156
電圧リップル　137
電圧利用率　39
電解コンデンサ　55
電源インピーダンス　151
電磁妨害　185
伝送線路　66
伝導性ノイズ　186
転流　20
電流共振スイッチ　32
電流源　18
電流センサ　89, 159
電流ループ　155

索　引

電力変換　3
等価回路　43, 44
等価直列抵抗　56
突入電流　60
トルク定数　151

■な行
内部抵抗　60
日射量　169
ノーマルモード　186

■は行
バスタブカーブ　95
パーセントインピーダンス　182
パルス密度変調　33
パワーエレクトロニクス　3
パワーコンディショナー　170
半周期対称　122
半周期平均値　130
ピーク電力　61, 65
ヒステリシス制御法　114
歪　み　159, 176
　──率　167
非接地　168
皮相電力　132, 139, 177
ヒートシンク　45
ファン　2
フィルタ　189
フォトカプラ　70, 141
負荷短絡　88
負性抵抗　34
ブートストラップ方式　73
フーリエ級数　130
ブリーダ抵抗　62
ブリッジ　23
フローティング　141
平　滑　136
　──化　7
　──回路　6, 22
平均故障間隔　95
平均故障時間　96

並列共振　31
変圧器　27, 28, 86
変調波信号　100
変調率　102, 105
放射性ノイズ　186
保護回路　45
ホール素子　84

■ま行
脈　動　7, 19, 21
無効電力　132, 173, 177
メカニカルインピーダンス　180
モータの中性点　128, 143
漏れ電流　59

■や行
有効電力　131, 133, 139, 173

■ら行
力　行　191
力　率　132, 167, 177
　──改善　47
理想スイッチ　8, 77, 194, 196
リップル　7, 19, 21, 52, 54
　──電流　58, 59
冷却フィン　93
冷　媒　92
レグ　23, 24, 26, 39, 81
漏洩電流　145, 183
漏電遮断機　145, 183
ローパスフィルタ　33

204

著者略歴

森本 雅之（もりもと・まさゆき）

1975 年　慶應義塾大学工学部電気工学科卒業
1977 年　慶應義塾大学大学院修士課程修了
1977 年〜2005 年　三菱重工業㈱勤務
1990 年　工学博士（慶應義塾大学）
1994 年〜2004 年　名古屋工業大学非常勤講師
2005 年〜2018 年　東海大学教授

研究経歴

インバータエアコン，フォークリフト，マイクロガスタービンなどの特定用途に限定した電気機器およびパワーエレクトロニクス機器の研究開発．
産業機器，鉄道システム，自動車システム，分散電源などのパワーエレクトロニクス応用システムの研究開発．

所属学会

電気学会，計測自動制御学会，電気設備学会，日本磁気学会，IEEE

編集担当　富井晃（森北出版）
編集責任　水垣偉三夫（森北出版）
組　版　コーヤマ
印　刷　開成印刷
製　本　協栄製本

入門　インバータ工学
―しくみから理解するインバータの技術―　　　　© 森本雅之　2011

2011 年 7 月 6 日　第 1 版第 1 刷発行　　【本書の無断転載を禁ず】
2023 年 9 月 8 日　第 1 版第 8 刷発行

著　者　森本雅之
発行者　森北博巳
発行所　森北出版株式会社
　　　　東京都千代田区富士見 1-4-11（〒102-0071）
　　　　電話 03-3265-8341／FAX 03-3264-8709
　　　　https://www.morikita.co.jp/
　　　　日本書籍出版協会・自然科学書協会　会員
　　　　JCOPY ＜（一社）出版者著作権管理機構　委託出版物＞

落丁・乱丁本はお取替えいたします
Printed in Japan／ISBN978-4-627-74321-2

MEMO